"现代企业精细化管理"
班组长培训标准教程

U0201968

班组长安全管理培训教程

第2版

杨 剑　胡俊睿　编著

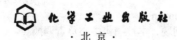

化学工业出版社
·北京·

内 容 简 介

本书详细讲解了安全管理的整个脉络框架以及在管理的过程中需要注意的细节，为班组长提供了切实可行的安全管理方法和不断提升管理能力的有效工具。本书将班组长安全管理培训分为九个标准模块，主要包括：明确管理职责，树立正确理念；紧抓班组安全教育培训；重视安全生产日常管理；熟知设备工夹具安全管理；做好电气作业安全管理；严格执行危险化学品安全管理规定；危险作业安全技术与管理；传染性疾病的防治；狠抓安全生产事故防范。

本书每个培训模块都是相对独立的一个知识单元，读者既可以从头到尾阅读，也可以单看一章、一节，甚至一个具体问题的解答。对于已经掌握的知识，也可以直接跳过，或者选择感兴趣的内容进行阅读。

本书适用于企业内部培训或培训公司对企业进行的培训，也可供企业员工和管理人员自学参考。

图书在版编目（CIP）数据

班组长安全管理培训教程 / 杨剑，胡俊睿编著. —2版. —北京：化学工业出版社，2023.2
"现代企业精细化管理"班组长培训标准教程
ISBN 978-7-122-42573-7

Ⅰ.①班… Ⅱ.①杨…②胡… Ⅲ.①班组管理 - 安全管理 - 技术培训 - 教材 Ⅳ.①X931

中国版本图书馆 CIP 数据核字（2022）第 220398 号

责任编辑：廉　静　　　　　　　　　　装帧设计：王晓宇
责任校对：张茜越

出版发行：化学工业出版社（北京市东城区青年湖南街13号　邮政编码100011）
印　　装：三河市延风印装有限公司
710mm×1000mm　1/16　印张13½　字数248千字　2023年6月北京第2版第1次印刷

购书咨询：010-64518888　　　　　　　售后服务：010-64518899
网　　址：http://www.cip.com.cn
凡购买本书，如有缺损质量问题，本社销售中心负责调换。

定　　价：56.00元

目前世界经济竞争有两条路径：一是信息化，二是工业升级。而工业升级就是"工业4.0革命"。新一轮国际博弈将围绕"工业4.0革命"来进行，"工业4.0革命"是当今大国崛起的必由之路，世界经济和政治版图将因此发生深刻变革！

中国对接"工业4.0革命"的具体措施，就是"中国制造2025"，"中国制造2025"是中国政府实施制造强国战略第一个十年的行动纲领。2016年4月国务院常务会议通过了《装备制造业标准化和质量提升规划》，要求对接"中国制造2025"。

"中国制造2025"提出，坚持"创新驱动、质量为先、绿色发展、结构优化、人才为本"的基本方针，坚持"市场主导、政府引导、立足当前、着眼长远、整体推进、重点突破、自主发展、开放合作"的基本原则，通过"三步走"实现制造强国的战略目标：第一步，到2025年迈入制造强国行列；第二步，到2035年中国制造业整体达到世界制造强国阵营中等水平；第三步，到新中国成立一百年时，综合实力进入世界制造强国前列。

"中国制造2025"战略落地的关键在人，尤其是处于末端管理的班组长的管理水平，直接决定了中国制造的水准。这套"'现代企业精细化管理'班组长培训标准教程"，就是专门为生产制造企业实现管理转型和提升管理水平而撰写的系列书。该系列书包括《班组长基础管理培训教程》《班组长现场管理培训教程》《班组长人员管理培训教程》《班组长质量管理培训教程》《班组长安全管理培训教程》，对班组长的综合管理、现场管理、人员管理、质量管理、安全管理的基本方法和技巧进行了全面而又细致的介绍。

这是一套汇集了当前中国企业管理先进的管理理论和方法，并且简明易懂、实操性很强的优秀之作，是企业职工培训的必选教材，也是企业管理咨询和培训的参考读物。我们相信，"'现代企业精细化管理'班组长培训标准教程"的出版，对提升我国企业的管理水平会有积极的推动作用。

（胡俊睿）

（中国航天科工集团）

"安全就是生命，责任重于泰山。"安全生产是企业稳定发展的基石，是员工远离"伤痛"的保证。"皮之不存，毛将焉附"这句古训，很好地阐释了安全管理与企业其他管理方面的关系。对企业来说，安全是利润、战略、资本、质量和成本不可替换的要素，安全是企业整个系统的根本，只有在安全值足够大的时候，其他要素才能体现出意义；而对于员工来说，安全是事业和家庭幸福的保障，如果没有安全，其他要素无论多么重要，都将归于"0"。所以说，安全对企业的重要性，无论怎么强调都不过分。

我国仍然处于经济持续快速发展与安全生产基础薄弱形成的突出矛盾中，仍然处在事故的"易发期"，稍有不慎就会发生事故，甚至发生重大事故，对员工的生命安全和职业健康造成巨大威胁。所以，我国企业，特别是工矿企业和制造业，一定要加强员工的安全教育培训工作。为了有效提升企业安全管理的水平，我们编写了这本《班组长安全管理培训教程》。

本书详细讲解了安全管理的整个脉络框架，以及在管理的过程中需要注意的细节，为班组长提供了切实可行的安全管理方法和不断提升管理能力的有效工具。为了便于企业内训或培训公司进行培训，本书将班组长安全管理培训分为九个标准模块，主要包括：明确管理职责，树立管理理念；紧抓班组安全教育培训；重视安全生产日常管理；熟知设备工夹具安全管理；做好电气作业安全管理；严格执行危险化学品安全管理规定；危险作业安全技术与管理；传染性疾病的防治；狠抓安全生产事故防范。

本书每个培训模块都是相对独立的一个知识单元，读者既可以从头到尾阅读，也可以单看一章或一节，甚至一个具体问题的解答。对于已经掌握的知识，也可以直接跳过，或者选择感兴趣的内容进行阅读。

本书是以美的集团股份有限公司、深圳长城开发科技股份有限公司、深圳亿利达商业设备有限公司和某大型军工企业等单位的管理流程和方案为蓝本编撰而成，具有很强的实用性。在本书编写过程中，我们还深入深圳富代瑞科技公司、深圳双通电子厂等中小企业进行了实地考察和讨论，对于他们的大力支持，表示衷心感谢！

本书主要由杨剑和胡俊睿编著，在编写过程中，刘志坚、王波、赵晓东、许艳红、黄英、蒋春艳、吴平新、水藏玺、邱昌辉、贺小电、张艳旗、金晓岚、戴美亚等同志也参与了部分工作，在此表示衷心的感谢！

相信本书对战斗在企业一线的广大班组长或希望成为班组长的骨干员工而言，都是一本很实用的读物。如果您在阅读中有什么问题或心得体会，欢迎与我们联系。联系邮箱：hhhyyy2004888@163.com。

杨　剑

2022 年 10 月

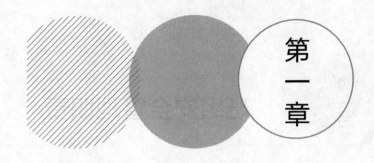

第一章

明确管理职责，树立正确理念

　　班组长要做好安全管理工作，必须对自己的安全管理职责了然于心。

　　在这一章中，我们首先阐述班组安全管理的职责。其次重点阐述班组长应该具备的安全理念——"四不伤害""预防为主"、实现从"要安全"到"会安全"的转变。

第一节 / 班组安全管理职责

一、班组长安全职责

班组长是班组的安全生产第一责任人，也是完成班组生产任务的核心人物，班组长在管好生产的同时，必须管好安全。一旦在生产中发生不安全现象或者事故，班组长必须担负相关的责任。班组长的具体安全职责有以下几方面。

① 认真执行劳动保护政策法规、本企业的规章制度及本车间的安全工作指令等，对本班组成员的生产安全与身体健康负责。

② 根据生产任务、劳动环境和员工的身体、情绪、思想状况，具体布置安全生产工作，布置安全措施，做到班前有布置，班后有检查。

③ 对本班组员工进行安全操作指导，并检查其对安全技术操作规程的遵守情况。

④ 教育和检查本班组员工是否正确使用机器设备、电气设备、工夹具、原材料、安全装置以及是否穿戴了个人防护用品。

⑤ 督促班组安全员认真组织每周的安全日活动，做好对新员工、调换工种和复工人员的安全生产知识教育培训。

⑥ 发生伤亡事故时，应立即向部门领导报告，并积极组织抢救。除了防止事故扩大而采取必要的措施外，还应保护好现场。组织班组按"三不放过"（事故原因分析不清不放过，事故责任者和群众没有受到教育不放过，没有采取切实可行的防范措施不放过）的原则，对伤亡事故进行分析，吸取教训，举一反三，抓好安全整改。督促安全员认真填写"员工伤亡事故登记表"（表1-1），按规定的时间上报。

⑦ 积极组织开展"人人身边无安全隐患活动"，制止违章指挥和违章作业，严格执行安全管理制度。

⑧ 加强对班组安全员的领导，积极支持其工作，实现安全生产档案资料管理制度化、规范化、科学化。

表 1-1　员工伤亡事故登记表

填报部门：　　　　　　　　　　　　　　　　　　　　　编号：

班组		发生时间		
事故类别			发生地点	
姓名		受伤详细部位	受过何种安全教育	
工种		级别	性别	年龄
本工种工龄		歇工总天数		
事故详细经过				
事故原因分析				
重复发生预防措施				
伤亡事故处理	班组意见	签字：		
	部门负责人	签字：		
主管部门意见				

填表人：

管理规范的企业应当组织全体员工参加一个安全大会，签下安全责任书，班组长和员工可从责任书中了解自己的安全责任。班组长安全责任书见范例一。

范例一：班组长安全责任书

班组长安全责任书

1. 严格执行安全法规和本公司、本车间的安全生产规章制度，对本班组的安全生产全面负责。

2. 组织本班组成员认真学习，并贯彻执行安全法规和本公司、本车间的安全生产规章制度和安全技术操作规程，教育员工遵纪守法，制止违章行为。

3

3. 负责对员工进行岗位安全教育，特别是加强新员工和临时工的岗位安全教育。

4. 加强安全管理活动，坚持班前有要求、班中有检查、班后有总结。

5. 负责班组安全检查，发现不安全因素及时组织力量消除，并报告上级。

6. 发生事故立即报告，并组织抢救，保护好现场，做好详细记录。

7. 搞好本班组生产设备、安全装置、消防设施、防护器材和急救器具的检查维护工作，使其保持正常运行，督促教育员工正确使用劳动保护用品。

8. 保证不违章指挥，不强制命令员工冒险作业。

9. 完成本部门领导委托的其他安全工作。

我承诺：坚决履行上述安全生产职责和义务，认真抓好本班组安全生产工作。

签发人：

责任人签名：

日期：　　年　　月　　日

二、班组成员安全职责

班组成员是班组长的直接下属，每个人都有不可推卸的安全责任。班组成员的安全责任主要包括以下几项。

① 坚持"安全第一，预防为主"的指导方针，严格按照企业各项安全生产规章制度和安全操作规程进行操作，正确使用和保养各类设备及安全防护设施，不乱开、乱动非本人操作的设备和电气装置。

② 上班前做好班前准备工作，认真检查生产设备、生产工具及其安全防护装置，发现不安全因素应立即报告安全员或班组长。

③ 按规定认真进行交接班，交接生产情况和安全情况，并做好记录。

④ 积极参加和接受各种形式的安全教育及操作训练，参加班组安全活动，虚心听取安全技术人员或安全管理人员对安全生产的指导。

⑤ 按规定正确穿戴、合理使用劳动保护用品和用具。

⑥ 发现他人违章作业及时进行规劝，对不听劝阻的，立即报告有关领导和企业安全技术人员。

⑦ 对上级的违章指挥有权拒绝执行，并立即报告有关领导和企业安全技术人员。

⑧ 保持工作场地清洁卫生，及时清除杂物；物品堆放整齐稳妥，保证道路安全畅通。

⑨ 发生工伤等事故或发现事故隐患时，应立即抢救并及时向有关领导和安全

员报告，并保护好现场；同时积极配合事故调查，提供事故真实材料。

　　企业在召开安全大会时，组织班组成员签订"安全生产责任书"，使其真正知道自己的安全责任。"员工安全生产责任书"见范例二，班组责任人签名单见表1-2。

范例二：员工安全生产责任书

员工安全生产责任书

　　1. 严格遵守公司各项安全管理制度和操作规程，不违章作业，不违反劳动纪律，对本岗位的安全生产负直接责任。

　　2. 认真学习和掌握本工种的安全操作规程及有关安全知识，努力提高安全技术。

　　3. 精心操作，严格执行工艺流程，做好各项工作记录，工作交接时必须同时交接安全情况。

　　4. 了解和掌握工作环境的危险源和危险因素，发现事故隐患及时进行报告。

　　5. 如果发生事故，要正确处理，及时、如实地向上级报告，并保护好现场。

　　6. 积极参加各种安全活动，发现异常情况及时进行处理；不能处理的，要及时报告班组长或安全员。

　　7. 正确操作，精心维护设备，保持作业环境整洁、有序。

　　8. 按规定着装上岗作业，正确使用各种防护器具。

　　9. 拒绝执行违章作业指令，并报告安全员。

　　10. 对他人违章作业及时予以劝阻和制止。

　　我们承诺：坚决履行上述安全生产职责和义务，认真做好本岗位的安全生产工作。

签发人：

日期：　　年　　月　　日

表1-2　责任人签名单

序号	姓名	工号	工种	签名
1				
2				
3				
4				

续表

序号	姓名	工号	工种	签名
5				
6				
7				
8				

三、安全员安全职责

安全员是企业安全工作的一线管理者，所以必须要承担起企业安全管理的职责。安全员的安全职责主要有以下几点。

① 坚持"安全第一，预防为主"的原则，定期对作业人员和新上岗人员进行安全生产、文明施工的思想教育；

② 检查员工是否严格遵守、执行各工种安全生产的规章制度；

③ 及时发现事故隐患，与企业主管人员采取有效措施，防止事故的发生；

④ 协助企业安全管理的主管人员制定和落实安全措施，检查厂房设备、电器的安全使用情况；

⑤ 及时报告工伤事故，做好事故调查工作和安全检查原始记录；

⑥ 负责督促和检查在生产过程中个人防护用品的发放和使用；

⑦ 总结经验教训，协助企业管理人员制定防止事故发生的措施；

⑧ 经常检查工地安全标语牌及各种安全禁令标志是否完好无损，督促文明施工的有序进行。

安全员是企业安全管理的第一把关人，安全员要想尽职尽责地将安全工作做好，就要做到以下"四勤"。

① 脑勤。安全是一门硬件与软件相结合的学科，企业的安全管理包括传统安全管理和现代安全管理理论，脑勤的安全员不仅要善于学习，而且要勤于思考。

② 嘴勤。安全员在日常工作中对员工违反安全生产的行为要及时提醒，不能碍于情面或懒惰而对违规行为视而不见或不加细察。

③ 手勤。安全员应亲自动手制作知识小卡片、黑板报、标语牌，并通过召开安全故事会、安全知识小竞赛等活动，来增强员工的安全知识。

④ 脚勤。安全员要经常走出办公室，深入到生产现场，深入到员工中去调查研究，了解情况，去发现问题、研究问题、解决问题，充分掌握企业安全的真实概况。

第二节 / 建立"四不伤害"理念

一、什么是安全管理的"四不伤害"

1. 不伤害自己

"不伤害自己"，就是要提高自我保护意识，不能由于自己的疏忽、失误而使自己受到伤害。它取决于自己的安全意识、安全知识、对工作任务的熟悉程度、岗位技能、工作态度、工作方法、精神状态、作业行为等多方面因素。

2. 不伤害他人

"不伤害他人"，就是我的行为或行为后果不能给他人造成伤害。在多人同时作业时，由于自己不遵守操作规程、对作业现场周围观察不够，以及自己操作失误等原因，自己的行为可能对现场周围的人员造成伤害。

3. 不被他人伤害

"不被他人伤害"，即每个人都要加强自我防范意识，工作中要避免他人的错误操作或其他隐患对自己造成伤害。

4. 保护他人不受伤害

任何组织中的每个成员都是团队中的一分子，要担负起关心爱护他人的责任和义务，不仅自己要注意安全，还要保护团队的其他人员不受伤害，这是每个成员对集体中其他成员的承诺。

二、"四不伤害"有何重要性

"四不伤害"的安全理念是在"三不伤害"的基础上的提升，是人性化管理和安全情感理念的升华。即在"不伤害自己、不伤害他人、不被他人伤害"的"三不伤害"的安全理念基础上，增加"保护他人不受伤害"这一关心他人，也是关心自己的观点，进一步丰富和发展了安全管理的内涵，拓宽了安全管理的渠道，突出了"以人为本"的安全管理理念，强化了安全生产意识。

7

随着安全管理的不断精细化，安全生产标准化及作业环境本质安全的迫切需要，把"三不伤害"提升到"四不伤害"显得极为重要。在安全管理工作中，"四不伤害"充分体现了每一个作业人员的自保、互保、联保意识。

自保就是在工作中，必须清楚地知道自己该做什么，不该做什么，应该做什么、怎么去做；并对作业现场的危险因素、安全隐患和事故处理及防范措施都要做到心中有数，从而确保自己的安全。

互保就是在作业过程中，要看一看有没有危及他人的安全，详细了解清楚周边的安全状况，关键时刻要多提醒身边的同事，一个善意的提醒，就可能防止一次事故，就可能挽救一个生命；关心关注周围同事的行为，对现场出现"三违"现象要及时制止，绝不视而不见，更不能盲目从事。关注他人安全的意识就是保护他人的安全，是每一个作业人员的安全责任和义务，也是保护自己的有效措施。

联保就是在作业过程中，不单单是关心自己，同时还要关心他人，相互提醒、相互监督、相互促进，形成人人抓安全，人人保安全的责任意识，增强员工的凝聚力，提高全员的安全意识。

作为公司的员工，我们有责任做好自己的工作，因为在整齐的生产方阵中，一个个精彩的你凝聚成一个伟大的团队；如果少了你，队伍将缺少威武之气。在严谨的生产线上，一个个精心的你呵护着生产流程的高效运转；如果少了你，生产指标将会波动。正是有了一个个精彩的你、精心的你、优秀的你、安全的你，大家心连心，企业才会高歌猛进、扬帆远航。所以我们每一位员工都要做到"我的安全我负责，他人的安全我有责，企业安全我尽责"。

第三节 安全为主，预防为先

一、安全生产最重要的就是预防

安全生产方针是"安全第一、预防为主、综合治理"。"预防为先，安全为主"，才能有效降低企业安全事故发生的频率。

安全生产最重要的就是要预防。像治疗疾病一样，预防是前沿阵地，是防止疾病产生的最佳选择。当今大企业，工矿设备需要我们去维护，需要我们去操作，每个岗位都有它的技术标准、安全规则，以及前辈师傅们的工作经验。所以我们要学会学习，虚心听取同行的经验和教训，而且要掌握要领，这是防止安全事故发生的最佳选择。

正如疾病预防的成本远远比治疗疾病要便宜得多一样，安全事故的预防是更经济、更划算的行为。有安全隐患就要动脑筋去发现、去处理。如果发现了不安全因素却不理不睬、不重视，就埋下了事故的导火索，随时可能引爆，造成人身以及财产的损失。

人的生命只有一次，安全生产不容轻视。很多特殊工种对安全的要求很高，特殊岗位的人更应学习好岗位安全知识，必须经过安全培训，持证上岗。各方面严格要求自己，防范到位，生命也就多了几分安全保障。

一些人不爱穿戴劳保用品，虽然看起来并不影响生产，却是造成不安全的一个重要因素。如果焊工不戴口罩，长期吸入各种有毒烟气会造成机体中毒，危及生命。所以，安全生产重在预防，容不得半点侥幸。

虽然有了安全防范也会存在安全事故威胁，但有防范总比不防范要好得多，像对付疾病的产生一样，预防总比治疗好。现在的某些疾病还是不能根治，所以，预防应该永远是第一位的。

俗话说："安全是天，生死攸关。"安全是人类生存和发展的基本条件，安全生产关系职工生命和财产安全、家庭幸福和谐；也是关系到企业兴衰的头等大事。对于企业来说，安全就是生命，安全就是效益，唯有安全生产这个环节不出差错，企业才能更好地发展壮大，否则，一切皆是空谈。

安全生产，得之于严，失之于宽。在安全生产和安全管理的过程中，时常会看到因为一些细节的疏忽而酿成大的事故，一切对未来美好憧憬也将随着那一刹那的疏忽而付之东流。

安全生产只有起点没有终点。安全生产是永不停息、永无止境的工作，必须常抓不懈，警钟长鸣，不能时紧时松、忽冷忽热，存有丝毫的侥幸心理和麻痹思想；更不能"说起来重要、做起来次要、干起来不要"。

安全意识也必须渗透到我们的灵魂深处，朝朝夕夕，相伴你我。我们要树立居安思危的忧患意识，把安全提到前所未有的高度来认识。安全生产虽然慢慢步入良性循环轨道，但我们并不能高枕无忧。随着科技的发展与进步，安全生产也不断遇到新变化、新问题，我们必须善于从新的实践中发现新情况，提出新问题，找到新办法，走出新路子。面对全新而紧迫的任务，更要树立"只有起点，没有终点"的安全观，真正做到"未雨绸缪"。

二、怎么消除不安全心理的产生

很多企业和员工均存在侥幸心理，企业在管理中安全责任意识淡薄，没有从责任感、意识上进行预防。"安全第一、预防为主"更应该体现在从心理上真正地做好思想准备工作，从意识上、从责任感上、从思想上做好准备。我国大多数企业在安全管理工作中，知道安全管理可以给企业带来无形的经济效益，但是，也有不少企业没有从思想上重视安全管理，给企业带来了危害。下面将主要的不安全心理分析如下。

1. 侥幸心理

有侥幸心理的人通常认为操作违章不一定会发生事故，相信自己有能力避免事故发生，这是许多违章人员在行动前的一种重要心态。心存侥幸者不是不懂安全操作规程，或缺乏安全知识、技术水平低，而是"明知故犯"；他们总是抱着违章不一定出事，出事不一定伤人，伤人不一定伤己的信念。

2. 冒险心理

冒险也是引起违章操作的重要心理原因之一。理智性冒险，"明知山有虎，偏向虎山行"；非理智性冒险，受激情的驱使，有强烈的虚荣心，怕丢面子；有冒险心理的人，或争强好胜、喜欢逞能，或以前有过违章行为而没有造成事故的经历；或为争取时间，不按安全规程作业。

有冒险行为的人，甚至将冒险当作英雄行为。有这种心理的人，大多为青年职工。

3. 麻痹心理

具有麻痹心理者，或认为是经常干的工作，习以为常，不觉得有什么危险，或没有注意到反常现象，照常操作。还有的则是责任心不强，沿用习惯方式作业，凭"老经验"行事，放松了对危险的警惕，最终酿成事故。

麻痹大意是造成事故的主要心理因素之一，其在行为上表现为马马虎虎，大大咧咧，盲目自信。他们往往盲目相信自己以往的经验，认为自己技术过硬，保证出不了问题（以老职工居多）。

4. 捷径心理

具有捷径心理的人，常常将必要的安全规定、安全措施当成完成任务的障碍，如为了节省时间而不开工作票、高空作业不系安全带。这种心理造成的事故，在实际发生的事故中占很大的比例。

5. 从众心理

具有这种心理的人，其工作环境内大都存在有不安全行为的人。如果有人不遵守安全操作规程并未发生事故，其他人就会产生不按规程操作的从众心理。从众心理包括两种情况：一是自觉从众，"心悦诚服、心甘情愿"与大家一致违章；

二是被迫从众，表面上跟着走，心理反感，但未提出异议和抵制行为。

6. 逆反心理

逆反心理是一种无视管理制度的对抗性心理状态，一般在行为上表现出"你让我这样，我偏要那样""越不许干，我越要干"等特征。逆反心理表现为两种对抗方式：显现性对抗指当面顶撞，不但不改正，反而发脾气，或骂骂咧咧，继续违章；隐性对抗指表面接受，心理反抗，阳奉阴违，口是心非。

具有逆反心理的人一般难以接受正确、善意的提醒和批评，他们坚持其错误的行为，在对抗情绪的意识作用下，产生一种与常态行为相反的行为，自恃技术好，偏不按规程执行，甚至在不了解操作对象性能及注意事项的情况下进行操作，从而引发人身安全事故。

7. 工作枯燥、厌倦心理

从事单调、重复工作的人员，容易产生心理疲劳和厌倦感。具有这种心理的人往往由于工作的重复操作产生心理疲劳，久而久之便会形成厌倦心理，从而感到乏味，时而走神，造成操作失误，引发事故。

8. 好奇心理

好奇心人皆有之，其是对外界新异刺激的一种反应。好奇心强的人容易对自己以前未见过、感觉很新鲜的设备乱摸乱动，从而使这些设备处于不安全状态，最终影响自身或他人的安全。

9. 逞能心理

争强好胜本来是一种积极的心理品质，但如果它和炫耀心理结合起来，且发展到不恰当的地步，就会走向反面。

10. 无所谓心理

无所谓心理表现为对遵章或违章心不在焉，满不在乎。持这种心理的人往往根本没意识到危险的存在，认为规章制度只不过是领导用来卡人的。他们通常认为违章是必要的，不违章就干不成活，最终酿成了事故。

11. 作业中的惰性心理

惰性心理指尽量减少能量支出，能省力便省力，能将就凑合就将就凑合的一种心理状态，也是懒惰行为的心理依据。

12. 情绪波动，思想不集中

情绪是心境变化的一种状态。顾此失彼、手忙脚乱、高度兴奋或过度失落都易导致不安全行为。

13. 技术不熟练，遇险惊慌

对突如其来的异常情况惊慌失措，无法进行应急处理，难断方向。

14. 错觉下意识心理

这是个别人的特殊心态，一旦出现，后果极为严重。

15. 心理幻觉近似差错

莫名其妙的"违章"，其实是人体心理幻觉所致。

行为科学是研究人的行为的一门综合性科学。它研究人的行为产生的原因和影响行为的因素，目的在于激发人的积极性和创造性。它的研究对象是探讨人的行为表现和发展的规律，以提高对人的行为预测，以及激发、引导和控制人的行为能力。

第四节 / 从"要安全"到"会安全"的转变

一、从"要我安全"到"我要安全"

安全是指不受威胁、没有危险、危害、损失；人类的整体与生存环境资源的和谐相处，互相不伤害；不存在危险的危害隐患，是免除了不可接受的损害风险的状态。

"要我安全"是一种被动的安全观，而"我要安全"是一种主动的安全观。从"要我安全"转变为"我要安全"就是从被动转变为主动，把指标变成大众的意识，把被动防护变成基本意识的防护。

"安全生产没有终点只有起点！"各班组必须把安全生产放在第一位，使安全生产全员参与、齐抓共管。安全是企业管理过程中的永恒的主题，而我们要做好安全生产，就必须从"要我安全"的思想中转变为"我要安全"。

1. "我要安全"的关键在于行动

无论什么时候，我们都不能丢掉"安全"两个字，我们在一线工作的员工，在施工作业时要认真、规范摆放好施工牌等安全防护措施，这是保护自己，不是做给领导看的，更不是来应付上级检查的。我们要知道，上级领导要求我们做好安全防护措施，是关心我们员工，对员工负责的一种体现。单位要保证安全生产，就需要我们全体员工发扬主人翁精神，真正树立起"安全生产，人人有责"的安全理念，从被动接受的"要我安全"，转变为积极主动的"我要安全"。

2. 要养成安全意识和良好的习惯，从我做起，从小事做起

上班前按规定穿戴防护用品；使用机械、机具要按操作规程进行操作，发现异常及时整改；下班后要注意休息，养足精神，劳逸结合。生产型行业的特点决定了工作中存在各种不安全因素，因此，在工作中头脑要保持高度警惕，时刻把安全放在心里，在思想上不要存在麻痹和侥幸心理，不要认为这些事故不可能发生在自己身上，一次两次可能避免，时间长了，谁都不敢保证事故不会发生在自己身上，所以在生产工作过程中，要严格遵守安全生产规章制度，把安全生产落实到行动中去。

所以，企业制定措施，提升职工安全意识，实现"要我安全"向"我要安全"的转变，是安全生产执行力由强制性到自觉性的一次质的飞跃。

二、从"我要安全"到"我会安全"

我们不但要有"我要安全"的意识，还要学会我会安全，我能安全。在职工意识到"我要安全"的同时，员工还必须实现"我会安全"，才能从事故源头控制不安全行为，减少或避免事故的发生。

如何从根本上提高员工的安全保护意识，实现从"我要安全"到"我会安全"的根本转变？

1. 完善安全管理规章制度

① 企业每年都要对管理规章进行一次修订、完善，并建立补充各类记录台账。

② 企业要全面开展安全运行内审工作，有计划、有频次、有步骤地逐条进行审计。对安全运行中发现的问题不隐瞒、不回避，及时提出限期整改意见，对整改的问题做好跟踪落实，才能大大提高安全运行质量。

③ 企业还要做到"八字方针"，把"安全第一，预防为主"列入管理的重要工作日程，每次开会首先要研究安全工作，当安全与效益、安全与其他工作发生矛盾时，首先解决安全问题。

④ 坚持安全教育制度，每周确定一天为安全活动日。通过对安全规章的学习、安全事例的点评，逐步增强员工的安全意识。

⑤ 坚持每月安全员例会制度，定期分析安全形势，查找安全隐患，有针对性地提出安全措施和要求，防患于未然。

⑥ 坚持安全责任落实制度，每年首先落实企业安全管理精神，签订安全合同、安全责任书，把安全指标层层分解、量化，把安全责任落实到基层，落实到岗位，落实到人头，形成良好的安全工作氛围。

⑦ 对发生问题的单位和个人，严格按照"四不放过"的原则，给予严肃处理。

通过建立健全各项安全管理制度，在安全工作中逐步形成用制度约束人、程序规范人的安全管理新格局，使企业的安全管理更加科学化、规范化。

2. 加强安全知识培训

为强化全体员工的安全意识，不断提高员工的安全保障能力，企业应逐步建立完备的教育培训管理体系，做到安全教育年有计划、月有安排，覆盖全员，不留死角，努力使教育培训工作常态化。

在安全教育上注重：一是结合企业运营的特点；二是结合年度安全教育计划；三是结合企业分部在各个主体厂的特殊情况；四是结合企业各类从业人员的工作特性，特别是对于特种作业人员应区分专业不同进行教育培训，严把安全关，为确保安全提供技术保障。

每周都要进行安全学习，充分利用好学习机会，使每个班组成员的安全知识达到一定的水平，成为班组安全工作的主心骨，利用班组安全活动，对员工进行安全知识培训常抓不懈。

3. 建立企业安全文化

安全工作是一项系统工程，它涉及企业的方方面面，涉及参与生产活动的每一个人。为使安全第一、全员参与的文化理念深植员工的大脑中，让"我要安全"，变为"我会安全"，公司在安全文化建设方面，要大胆进行大量的有益尝试。如以落实安全规章、防止人为差错、提高安全质量为中心，开展安全知识竞赛、安全演讲比赛、安全橱窗比赛、安全标兵评选、安全技术研讨、安全文化词条征集等形式多样、内容丰富的安全文化活动。通过这些活动传播安全知识、强化安全理念。

为进一步将安全文化具体化、形象化、人格化，企业还可借助电子网络和通过在企业内部每月评选出安全型先进个人，每季度评选出安全型先进班组的活动这两个文化平台，总结他们的安全经验和心得，在全体员工中发挥较好的示范引导作用。为进一步加强各基层部门安全工作，为确保安全创造一个良好工作环境，企业还可积极开展"班前作业提醒、班后事件分析""每周安全活动""安全经验共享"等活动，通过各部门、各层次间交流安全经验，达成"安全工作环环相扣，安全责任大家共担"的共识。

　　企业通过把安全文化理念装饰在环境中，渗透在制度里，体现在行动中，聚焦在安全文化楷模的形象上，逐步在企业内形成"人人事事想安全、时时处处保安全"的良好氛围。

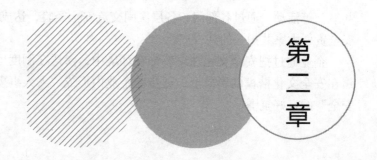

第二章

紧抓班组安全教育培训

　　班组是企业的细胞，是安全管理的最小单位，班组成员都处于生产一线，接触危险、危害的概率也最高。但是在实际工作中，一些班组安全管理水平不高，员工安全意识不强，这就要求我们必须加强班组安全教育培训。

　　班组安全教育对加强班组安全建设，消除事故隐患，杜绝事故发生，可以起到事半功倍的作用。

　　班组长安全教育培训要注重灵活多样，提高层次性、趣味性。要积极开展互动安全教育，让员工成为安全教育的主角，以提高班组安全教育活动的质量。

/ # 班组安全培训的作用与内容

一、班组安全培训的作用与原则

据统计，有 80% 以上的事故发生在班组。可见，班组安全培训的重要性。

1. 班组安全培训作用

生产现场是一个动态的作业环境，其实际的情况每时每刻都发生着变化，随着作业内容的变化，可能会出现新问题。从这个意义出发，事故的预测、预防工作必须贯彻到作业现场。操作人员活动在班组，机具设备在班组，事故也常常发生在班组。因此，抓好安全培训，提高班组人员的安全生产意识，使班组成员自觉、主动地参与班组安全管理，是班组长人员管理工作中的重点。

2. 班组安全培训原则

① 在新技术、新工艺、新材料、新设备使用前，组织员工进行有针对性的安全培训和考试。

② 新员工、换岗员工上岗前，必须经过由班组长或班组安全员组织的班组级安全培训，经考试合格后方可上岗。

③ 对休假 7 天以上（重点工位），工伤休假复工人员，已（未）遂事故责任者、违章违纪人员必须进行安全培训，经考试合格后方可重新上岗。

④ 规定班组安全培训有效时间，培训后须进行考试，不及格者要重新考试，经考试合格后方可上岗操作。培训内容、考试分数要记录在班组安全活动台账上。

⑤ 对安全培训后考试合格的人员，班组长或安全员必须检查培训效果，一周以后要重新复查。

二、班组安全培训的内容

班组安全教育培训要在上级领导下，认真制订切合班组实际的教育培训计划，由车间主任（班组长）具体负责，认真组织抓好落实。

具体教育培训内容如下。

1. 现场教育

班组教育要结合本班组的生产特点、作业环境、危险区域、设备状况、消防设施等进行。重点介绍高温、高压、易燃易爆、有毒有害、腐蚀、高空作业等方面，可能导致发生事故的危险因素，交代本班组容易出现事故的部位和典型事故案例的剖析。

2. 专业技术教育

讲解各工种的工艺流程、安全操作规程和岗位责任，教育班组成员自觉遵守安全操作规程（做到"四懂"——懂设备性能、懂设备构造、懂设备原理、懂工艺流程；"三会"——会操作、会维护保养、会排除故障），不违章作业；爱护和正确使用机器设备和工具；介绍各种安全活动，以及作业环境的安全检查和交接班制度。告诉新员工：若出了事故或发现了事故隐患，应及时报告，采取措施整改。

3. 防护教育

讲解如何正确使用爱护劳动保护用品和文明生产的要求，以及发生事故以后的紧急救护和自救常识。

4. 安全操作示范

组织重视安全、技术熟练、富有经验的老工人进行安全操作示范，边示范、边讲解，重点讲安全操作要领，说明怎样操作是危险的，怎样操作是安全的，不遵守操作规程将会造成的严重后果。

5. 标志、标识教育

企业、车间、班组内常见的安全标志、安全色介绍。

6. "四新"教育

新工艺、新产品、新设备、新材料的特点和使用方法；投产使用后可能导致的危害因素及其防护方法；新制定的安全管理制度及安全操作规程的内容和要求等。

7. 其他

① 遵章守纪的重要性和必要性；
② 其他关于班组安全教育培训的内容。

新员工安全教育培训

一、新员工安全教育培训的内容

班组安全培训的重点是岗位安全基础培训，主要由班组长和安全员负责培训。安全操作法和生产技能培训可由安全员、培训员或老师傅传授。

1. 班组概况介绍

介绍本班组的概况和工作范围，本岗位、工种或其他对应岗位发生过的一些事故教训及预防措施。

2. 班组岗位情况介绍

① 介绍本班组和岗位的作业环境、危险区域、设备状况、消防设备等。
② 讲解岗位使用的机械设备、工器具的性能，防护装置的作用和使用方法。
③ 讲解本工种安全操作规程和岗位责任及有关安全注意事项，使学员真正从思想上重视安全生产，自觉遵守安全操作规程，做到不违章作业，爱护和正确使用机器设备、工具等。

3. 讲解规章制度

讲解员工安全生产责任制，本岗位、工种的作业标准，危险预知，防止习惯性违章，以及有关的安全生产规章制度。

介绍班组安全活动内容及作业场所的安全检查和交接班制度。比如教育员工作业时应遵守以下事项。

① 上班作业，要做到"一想""二查""三严"。

"一想"　当天的生产作业中存在哪些安全问题，可能发生什么事故，怎样预防。

"二查"　工作中使用的机器、设备、工具、材料是否符合安全要求，上道工序有无事故隐患，如何排除；检查本岗位操作是否会影响周围的人身和设备安全，如何防范。

"三严"　就是要严格按照安全要求，严格按工艺规程进行操作，严格遵守劳动纪律，不搞与生产无关的活动。

② 进入生产作业场所，必须按规定使用劳动防护用品穿好工作服，戴好安全帽，严禁穿背心、短裤、裙子、高跟鞋等不符合安全要求的衣着上岗。在有毒有

害物质场所操作，还应佩戴符合防护要求的面具等。

③ 保持工作场所的文明整洁。原材料、零件、工具夹应摆放得井井有条。及时清除通道上的油污、铁屑和其他杂物，保持通道畅通。

④ 凡挂有"严禁烟火""有电危险""有人工作切勿合闸"等危险警告标志的场所，或挂有安全色标的标记，都应严格按要求执行。严禁随意进入危险区域和乱动闸门、闸刀等设备。

4. 个人防护用品如何正确使用和保管

（1）根据岗位作业性质、条件、劳动强度和防护器材性能与使用范围，正确选用防护用具种类、型号，经安全部门同意后执行。

教导员工识别以下防护用品。

① 防尘用具：防尘口罩、防尘面罩；

② 防毒用具：防毒口罩、过滤式防毒面具、氧气呼吸器、长管面具；

③ 防噪声用具：硅橡胶耳塞、防噪声耳塞、防噪声耳罩、防噪声面罩；

④ 防电击用具：绝缘手套、绝缘胶靴、绝缘棒、绝缘垫、绝缘台；

⑤ 防坠落用具：安全带、安全网；

⑥ 头部保护用具：安全帽、头盔；

⑦ 面部保护用具：电焊用面罩；

⑧ 眼部保护用具：防酸碱用面罩、眼镜；

⑨ 其他专用防护用具：特种手套、橡胶工作服、潜水衣、帽、靴；

⑩ 防护用具：工作服、工作帽、工作鞋，雨衣、雨鞋、防寒衣、防寒帽、手套、口罩等。

（2）严禁超出防护用品用具的防护范围代替使用。

（3）严禁使用失效或损坏的防护用品用具。

（4）安全带、安全网的使用注意事项：

① 由车间保管；

② 使用前要仔细检查，发现有异常现象，应停止使用；

③ 每年由安全部门统一组织一次强度试验。

（5）防电击用具

① 在使用和保管过程中要保证绝缘良好；

② 严禁使用绝缘不合格的防电击用具作业；

③ 对防电击用具进行耐压试验。

5. 如何进行事故预防

要做到安全生产，班组长首先必须了解生产现场中什么是不安全状态，什么是不安全行为，以在工作中尽量规避和消除危险因素。

（1）告诉员工现场有哪些不安全状态与不安全行为，具体包括以下各项。

① 物体本身的缺陷：设计不佳、构成材料与工作欠佳、陈旧、疲劳、使用极限、故障、未修理、维护不良、其他。

② 防护措施的缺陷：无防护、防护不周、绝缘不佳、无遮蔽、其他。

③ 物体放置与作业场所的缺陷：未能确保走道的畅通、作业场所的空间不够、机械或办公设备等的配置不当、物体配置失常、物体堆积法不当、物体放置失常、其他。

④ 保护器具、服装等的缺陷：未指定鞋类、未指定防护用具、未指定服装、未禁止穿戴手套。

⑤ 作业环境不佳：空气调节器欠佳、其他作业环境欠佳。

⑥ 自然的不安全状态：物体本身的欠佳（厂外）、防护措施欠佳（厂外）、物体放置与作业场所欠佳、作业环境欠佳、交通方面的危险、自然的危险。

⑦ 作业方法的缺陷：机械或装置使用不当、工具的使用不当、作业程序错误、技术与身体违反自然、没确认是否安全、其他。

⑧ 安全装置与有害物抑制装置的失效：拆卸安全装置等、安全装置等调整错误、拆除其他防护物。

⑨ 没有履行安全措施：没实行有关危险性、有害性的对应措施；突然操作机械设备等；在未确认或信号指示之前就开机；未获得信号指示之前就移物或放物；其他。

⑩ 不安全的置放法：在发动机械装置之后，人离开该地；机械装置的放法，形成不安全状态；放置工具、用具、材料之时形成不安全状态；其他。

⑪ 造成危险或有害状态：货物装载负荷过大、置各种危险物于一处、以不安全之物代替规定物、其他。

⑫ 不按规定使用机械装置：使用有缺陷的机械设备，机械设备、工具用具等的选用错误，没按规定方法使用机械设备，以危险的速度操作机械设备。

⑬ 清扫、加油、修理、检查正在运转中的机械设备：正在运转中的机械与装置、通电中的电气装置、加压中的容器、加热中的物品、内装危险物、其他。

⑭ 保护器具与服装的缺失：没有使用保护器具、误选保护器具与使用方法、不安全的服装。

⑮ 接近其他危险有害区域：接近或接触正在运转中的机械装置、接近或接触或走在吊挂货物之下、步入危险有害区、接触或倚在易崩塌之物、立于不安全区域、其他。

⑯ 其他不安全行为：以手代替工具；从大堆积物中间抽取若干；未经确认而

从事的行为，如以投掷的方式传递物品、车辆未停妥就上下车、不必要的奔跃、恶作剧或胡闹、其他。

（2）让员工了解职业毒害。

在生产活动过程中，生产工艺过程、劳动过程，以及外界环境的各种因素，会对劳动者肌体的机能状态和健康水平造成一定的影响，所有这些因素统称为职业因素。当职业因素对劳动者的健康和劳动能力产生一定毒害作用时，就称为职业毒害。由职业毒物所引起的疾病，称为职业中毒；由职业毒害所引起的疾病，称为职业病。职业毒害的种类随着生产技术的发展而不断增加，但是也随着科学技术的发展而逐渐被人们所认识，并加以控制和消灭。目前所知的主要职业毒害按其特性可分为以下几种。

① 与生产过程有关的毒害

a.化学因素及物理化学因素，是目前引起职业病最为多见的生产性有害因素，是职业病防治的重点。其主要有：生产性毒物，如铅、汞、苯、砷、磷、酚、氯、有机碱、氮氧化合物以及硫的化合物等；生产性粉尘，如矽尘、煤尘、石棉尘及金属粉尘等；放射性元素，如铀、钛、锰等。

b.物理因素，主要是：不良气象条件，如高温、高湿及烈日下的劳动作业；不正常的气压；电磁辐射，如红外线、紫外线；电离辐射；噪声、振动等。

c.生物学因素，主要指某些微生物或寄生虫等。

② 与劳动过程有关的职业毒害

a.过长的作业时间。

b.过大的作业强度。

c.不合理的劳动制度。

d.不合理的劳动组织。

③ 与作业场所的卫生条件、卫生技术及生产工艺设备的缺陷有关的毒害

a.废料、垃圾未及时处理。

b.缺少通风、采暖设备。

c.缺少防尘、防毒、防暑的各项设备，或设备不完善。

d.照明有缺陷。

e.安全防护设备有缺陷。

④ 预防事故的措施及发生事故后应采取的紧急措施，急救知识、报告制度和事故教训举例等。

⑤ 组织班组成员参加反事故演习，观看事故案例汇编和幻灯片、宣传画，提高班组成员分析、判断、处理事故的能力，同时从中吸取教训，做到警钟长鸣，防患于未然。

6.岗位间的工作衔接配合安全注意事项

这些注意事项由工厂、车间或班组具体制定。

7.实际安全操作示范

重点讲解安全操作要领，边示范，边讲解；说明注意事项，并讲述哪些操作是危险的、是违反操作规程的，使学员懂得违章将会造成的严重后果。

8.公司及本单位安全生产动态

安全生产动态是指工厂、车间、生产现场与生产工人的动态安全状态。

二、新员工安全培训的方法

为了确保取得更佳的培训效果，班组长还应该做到下面几点。

1.制定安全目标和职责

为新员工制定具体的安全目标和职责。没有具体的目标和职责，新员工就极易忽视安全行为。

2.师傅带徒弟

为新员工提供一名师傅，师傅应能承担一对一的培训，保证以可靠和正确的方式，将标准的实践方法和程序，合格的操作方法，以及全面的安全文化传授给新员工。

3.指定一名"安全伙伴"

即使这位安全伙伴并不能在所有时间内都能和新员工一起工作，也应安排这位伙伴一日数次前来检查新员工的安全行为。这样可使新老员工双方都得到提醒：安全是无处不在的。

4.确保监督

应保证安全经理、工长甚至工厂经理能尽量经常地进行直接检查。最糟糕的事情莫过于放纵新员工，只给他们极为有限的"受检次数"。上述人员直接检查员工是否正在安全地工作，可加深员工的印象。应该让新员工知道安全行为的重要性，以及公司确实在为安全操心。

5.不要对任何事情做假定

经多次证明，这常常是事故的原因。应当为新员工留出足够的时间，来证实其经培训获得的技能，不可指望通过一次性的培训和演示，达到十全十美的效果。

6.制定期望事项

可以期望新员工会养成所需的安全举止，表现出所需的安全行为和始终坚持所需的安全文化。双倍的检查，请另一人作为告诫人，再一次接受检查，每两周进行一次检查等。除安全行为外，使新员工不再想其他事情，是至关重要的。还应记住：在每天的例行工作中，老员工的一举一动都将成为新员工的榜样。

三、新员工安全训练的要点

在所有的员工中最可能受到伤害的是新员工。因为新员工通常比老员工年轻和缺乏经验，而且通常未受过为了能安全和有效地完成其新工作领域全部职责所需的培训，而企业的安全文化尚很难为新员工所完全理解，另外，新员工试图证明其自身价值，有时会冒许多不必要的风险。

因此，班组长应密切地关注新员工，做好班组层级的新员工安全培训。

（1）配合新员工的工作性质与工作环境，提供其安全指导原则，可避免意外伤害的发生。安全训练的内容如下：

① 岗位操作规程；

② 安全防护知识；

③ 各种事件的处理原则与步骤，紧急救护和自救常识；

④ 车间内常见的安全标志、安全色；

⑤ 遵章守纪的重要性和必要性；

⑥ 工作中可能发生的意外事件及事故案例；

⑦ 经由测试，检查员工对"安全"的了解程度。

（2）有效的安全训练可达到以下目标：

① 新员工感到他的福利方面已有肯定的保证；

② 建立善意与合作的基础；

③ 可防止在工作上的浪费，以免造成意外事件；

④ 人员培训可免于时间损失，增强其工作能力；

⑤ 可减少人员损害补偿费及医药服务费用的支出；

⑥ 对建立企业信誉极有帮助。

为对新员工的安全教育状况有一个确切的了解，企业通常会设计班组级安全培训签到表（表2-1）、新员工入职三级教育记录卡等，班组长要留意这些记录。

新员工培训的主要内容：

本班组的生产在线的安全生产状况、工作性质和职责范围，岗位工种的工作性质、工艺流程，机电设备的安全操作方法，各种防护设施的性能和作用，工作地点的环境卫生及尘源、毒源、危险机件、危险物品的控制方法，个人防护用品的使用和保管方法，本岗位的事故教训。

表 2-1　班组级安全培训签到表

日期				地点			
参加人员				讲师			
序号	姓名	工号	工种	序号	姓名	工号	工种

四、什么是新员工的三级安全教育

三级安全教育是指对新进人员的厂级教育、车间级教育和班组级教育。新进人员（包括合同工、临时工、代训工、实习人员及参加劳动的学生等）必须进行不少于三天的三级安全教育，经考试合格后方可分配工作。三级安全教育的主要内容有以下几个方面。

1.厂级安全教育

厂级安全教育一般由企业安全部门负责进行，内容包括以下几个方面。

① 讲解国家有关安全生产的方针、政策、法令、法规，劳动保护的意义、任务、内容及基本要求。

② 介绍本企业的安全生产情况。

③ 介绍企业安全生产的经验和教训，结合企业和同行业常见事故案例进行剖析讲解，阐明伤亡事故的原因及事故处理程序等。

④ 提出希望和要求。例如，要遵守操作规程和劳动纪律，不擅自离开工作岗

位；不违章作业，不随便出入危险区域及要害部位；要注意劳逸结合，正确使用劳动保护用品等。

新员工必须全员进行教育，教育后要进行考试，成绩不及格者要重新教育，直至合格，并填写《新进人员三级安全教育卡》，厂级安全教育时间一般为8小时。

2. 车间级安全教育

各车间有不同的生产特点和不同的要害部位、危险区域和设备，因此，在进行本级安全教育时，应根据各自情况，详细讲解以下内容：

① 介绍本车间生产特点、性质；

② 根据车间的特点介绍安全技术基础知识；

③ 介绍消防安全知识；

④ 介绍车间安全生产和文明生产制度。

车间级安全教育由车间主任和安监人员负责，一般授课时间为4～8小时。

3. 班组级安全教育

企业生产的"前线"是班组，生产活动是以班组为基础的。由于操作人员活动在班组，机具设备在班组，事故常常发生在班组，因此，班组安全教育非常重要。班组级安全教育班组安全教育的内容如下：

① 本班组作业特点及本工种安全操作规程；

② 班组安全活动制度及安全活动要求；

③ 经常使用的设备、安全装置、工具、仪器的使用要求和预防事故；

④ 爱护和正确使用安全防护装置（设施）及个人劳动防护用品的使用和维护知识；

⑤ 本岗位易发生事故的不安全因素及其防范对策；

⑥ 本岗位的作业环境及使用的机械设备、工具的安全要求；

⑦ 文明生产的要求及安全操作示范。

班组安全教育的重点是岗位安全基础教育，主要由班组长和安全员负责教育。安全操作法和生产技能教育可由安全员、培训员或老师傅传授，授课时间为4～8小时。

新进人员只有经过三级安全教育并经逐级考核全部合格后，方可上岗。三级安全教育成绩应填入新进人员三级安全教育卡（表2-2），存档备查。

安全生产贯穿整个生产劳动过程中，而三级教育仅仅是安全教育的开端。新进人员只进行三级教育还不能单独上岗作业，还必须根据岗位特点，对他们再进行生产技能和安全技术培训。对特种作业人员，必须进行专门培训，经考核合格，方可持证上岗操作。另外，根据企业生产发展情况，还要对员工进行定期复训安全教育等。

表2-2　新进人员三级安全教育卡

新进人员三级安全教育卡					序号	
					编码	
姓名		性别		年龄	录用形式	
体检结果		从何处来	省　县（　市）乡（　街）			
厂级教育 （一级）	教育内容：国家、地方、行业安全健康与环境保护法规、制度、标准；本企业安全工作特点；工程项目安全状况；安全防护知识；典型事故案例等					
	考试日期			年　月　日		
	考试成绩		阅卷人		安全负责人	
车间级教育 （二级）	教育内容：本车间施工特点及状况；工种专业安全技术要求；专业工作区域内主要危险作业场所及有毒、有害作业场所的安全要求和环境卫生、文明施工要求					
	考试日期			年　月　日		
	考试成绩		主考人		安全负责人	
班组级教育 （三级）	教育内容：本班组、工种安全施工特点、状况；施工范围所使用工、机具的性能和操作要领；作业环境、危险源的控制措施及个人防护要求、文明施工要求					
	考试日期			年　月　日		
	掌握情况		安全员			
个人态度			年　月　日			
准上岗人意见				批准人		
备注						

注：调换工种或因故离岗六个月后上班也用此表考核。

五、班组日常安全教育有哪些形式

日常安全生产教育的方法有多种，可以根据具体情况进行安全教育，其目的是更好地对员工进行安全教育，使安全教育的内容更容易被员工接受和实现。企业可以选用以下一些安全教育方法。

1. 安全宣传画

不同的安全宣传画，以不同的方式促进安全。宣传画主要分为以下两类：

① 正面宣传画，说明小心谨慎、注意安全的好处；

② 反面宣传画，指出粗心大意，盲目行事的恶果。

2. 影片

为培训专门摄制的安全宣传教育影片，对解释新的安全装置或新的工作方法是特别有用的。

3. 展览

展览是以非常现实的方式使员工了解危害，以及详细讲解怎样排除危害的一些具体措施。

4. 报告、讲课和座谈

报告、讲课和座谈也是安全宣传教育的有力工具。特别是在新员工入厂时，通过这种形式的安全教育，可以使他们对安全生产问题有一个概括性的了解。

5. 安全宣传资料

① 定期出版的安全杂志、简报；

② 安全宣传资料，例如小册子、宣传单和标语等；

③ 相关文献资料。

6. 安全竞赛活动

开展安全竞赛活动，可以提高员工安全生产的积极性，应该把安全竞赛列入企业的安全计划中去。可以在车间班组间进行安全竞赛，对优胜者给予奖励。同一班组中，也可以开展安全竞赛活动，进行"比学赶帮超"。

六、什么是特种作业人员安全教育

企业里直接从事特殊种类作业的从业人员是特种作业人员。特种作业人员涉及以下范围：

① 电工作业；

② 金属焊接、切割作业；

③ 起重机械作业；

④ 企业内机动车辆驾驶；

⑤ 登高架设作业；

⑥ 锅炉作业（含水质化验）；

⑦ 压力容器作业；

⑧ 制冷作业；

⑨ 爆破作业；

⑩ 矿山通风、排水、提升运输、安全检查和救护作业；

⑪ 采掘作业；

⑫ 危险物品作业；

⑬ 经国家批准的其他作业。

特种作业人员安全教育制度是保护该类人员生命安全的一项重要制度。特种作业人员的安全教育，一般采取按专业分批集中脱产、集体授课的方式。根据不同工种、专业的具体特点和要求而制定教育内容，并要建立"特种作业人员安全教育卡"档案。

特种作业人员经过本工种相适应的、专门的安全技术培训，通过国家规定的本工种安全技术理论考核和实际操作技能考核合格，获得特种作业操作证后，才能上岗作业。未经培训或培训考核不合格者，不得上岗作业。按照有关规定，取得操作证的特种作业人员，除机动车辆驾驶员和机动船舶驾驶、轮机操作人员按国家规定执行外，其他特种作业人员按国家规定定期履行复审手续，即每隔两年需复审一次。复审内容包括本作业的安全技术理论和实际操作、体格检查、对事故责任者的检查等。

第三节 / 班组安全培训实务

一、如何进行工伤急救培训

作为班组长必须培训教导员工了解基本的工伤急救知识，把在生产现场作业中发生意外的人员伤害情况和损失降到最低点。

1. 火伤急救

烧伤程度轻者用酒精涂抹灼伤处，重者需要用油类，如蓖麻油、橄榄油与苏打水混合，敷于其上外加软布包扎，如水泡过大，不要切开；已破水的皮肤千万不可剥去。

2. 皮肤创伤急救

① 止血。

② 清洁伤口，周围用温水或凉开水洗之，轻伤只要涂 2%的红汞水。

③ 如果是重伤要用干净纱布轻缠盖上，并用绷带绑起来，不可太紧。

3. 触电急救

救护前应用绝缘的木棒等，将触电的人推离电线或把电线挑离身体，切忌用手直接去拉触电者，以免自己也触电；然后解开衣扣，立即进行人工呼吸，同时请医生诊治。局部触电，伤处应先用硼酸水洗净，贴上纱布。

4. 摔倒、中暑急救

将摔倒者平卧，胸衣解开，用冷水刺激面部。对于中暑者应先松解衣服，移至阴凉通风处平躺，头部垫高，用冷湿布敷额头，服用凉开水，呼吸微弱的可进行人工呼吸，醒后多饮清凉饮料，并送医院诊治。

5. 手足骨折急救

① 为避免受伤部分移动，可先自制夹板夹住，最好用软质布棉作为夹板，托住伤处下部，长度足够及于两端关节所在，然后两边卷住手或脚，用布条或绷带绑紧。

② 如为骨碎破皮，可用消毒纱布盖住骨部伤处，用软质棉枕夹住，立即送往医院。

③ 如是怀疑手或脚折断，便不让他（她）用手着力或用脚走路，夹板或绷带不可绑得太紧，使伤处有肿胀余地。

二、如何进行生产用电安全培训

生产用电安全是基层管理的一个重要内容，班组长应该认真落实生产用电安全管理规范，认真培训教导员工安全用电知识和应急处理方法。

1. 用电制度告知

① 严禁随意拉线架电和超负荷用电。

② 电气线路、设备安装应由专业电工负责。

③ 下班后，应关闭电源。

④ 禁止私用大功率用电器。

2. 规范操作培训内容

① 检查应拉合的开关和刀闸。

② 检查开关和刀闸位置。

③ 检查接地线是否拆除，检查负荷分配。

④ 如何装拆接地线。

⑤ 安装或拆除控制回路或电压互感器回路的保险器，切换保护回路和检验是否确无电压。

⑥ 清洁、维护发电机及其附属设备时，必须切断发电机的"功能选择"开关，工作完毕后恢复正常。

⑦ 高压室内检修工作最少应有两个工作人员，检测或检修电容和电缆前后应充分放电。

3. 事故处理方法

① 变压器预告信号动作时，应及时查明原因，并马上报告上司。

② 低压总开关跳闸时，应先把分开关拉开，检查无异常后，试送总开关，再试送各分开关。

③ 油开关严重漏油时，应切断低压测负荷，才可进行关闸。

④ 重启瓦斯保护动作时，变压器应退出运行。

⑤ 当开关自动跳闸时，应退出运行，检查后，确认无异常情况方可再合闸。

三、如何进行消防安全教育培训

1. 消防安全教育的内容

消防安全教育主要包括以下内容。

① 用各种形式进行防火宣传和防火知识的教育，如创办消防知识宣传栏、开展知识竞赛等多种形式，提高员工的消防意识和业务水平。

② 定期组织员工学习消防法规和各项规章制度，做到依法治火。

③ 对新工人和变换工种的工人，进行岗前消防培训，进行消防安全三级教育，经考试合格方能上岗位工作。

④ 针对岗位特点进行消防安全教育培训。对火灾危险性大的重点工种的工人要进行专业性消防训练，一年进行一次考核。

⑤ 对发生火灾事故的单位与个人，按"三不放过"的原则，进行认真教育。

⑥ 对违章用火用电的单位和个人，当场进行针对性的教育和处罚。

⑦ 各单位在安全活动日，要组织员工认真学习消防法规和消防知识。

⑧ 对消防设施维护保养和使用人员应进行实地演示和培训。

⑨ 对电工、木工、焊工、油漆工、锅炉工、仓库管理员等工种，除平时加强教育培训外，每年在班组进行一次消防安全教育。

⑩ 要对员工进行定期的消防宣传教育和轮训，使员工普遍掌握必要的消防知识，达到"三懂""三会"要求。

2. 做到"三懂""三会"

什么是员工消防知识的"三懂""三会"？

"三懂"就是懂得本单位的火灾危险性，懂得基本的防火、灭火知识，懂得预防火灾事故的措施。

"三会"就是会报警、会使用灭火器材、会扑灭初起火灾。

四、消防器具如何使用与维护

班组常备的消防器具是灭火器。常见的灭火器有 MP 型、MPT 型、MF 型、MFT 型、MFB 型、MY 型、MYT 型、MT 型、MTT 型，这些字母所代表的意思是：第一个字母 M 表示灭火器；第二个字母 F 表示干粉，P 表示泡沫，Y 表示卤代烷，T 表示二氧化碳；第三个字母 T 表示推车式，B 表示背负式；没有第三个字母的表示手提式。下面介绍几种灭火器的使用与维护保养知识。

1. MP 型手提式化学泡沫灭火器

适用于扑救液体可熔融固体燃烧的火灾，如石油制品、油脂等火灾；也适用于固体有机物质燃烧的火灾，如木材、棉织品等物质的火灾；不能扑救带电设备、可燃气体、轻金属、水溶性可燃、易燃液体的火灾。

① 使用方法：手提筒体上部的提环，迅速跑到火场。应注意在奔跑过程中不得使灭火器过分倾斜，更不可颠倒，以免两种药剂混合而提前喷出。

当距离着火点 10m 左右，即将筒体颠倒，一只手紧握提环，另一只手扶住筒体的底圈，让射流对准燃烧物。

在扑救可燃液体火灾时，如呈流淌状燃烧，则泡沫应由远向近喷射，使泡沫完全覆盖在燃烧液面上；如在容器内燃烧，应将泡沫射向容器内壁，使泡沫沿着内壁流淌，逐步覆盖着火液面。切忌直接对准液面喷射，以免由于射流的冲击，反而将燃烧的液体冲散或冲出容器，扩大燃烧范围。

在扑救固体物质的初起火灾时，应将射流对准燃烧最为猛烈处。

灭火时，随着有效喷射距离的缩短，使用者应逐渐向燃烧区靠近，并始终将泡沫喷射在燃烧物上，直至扑灭。使用时灭火器始终保持倒置状态，否则将会中断喷射。不可将筒底对准下巴或其他人，以免危及生命。

② 维护保养：灭火器存放时，不可靠近有高温的地方，以防碳酸氢钠分解出二氧化碳而失效；严冬季节要采取保暖措施，以防冰冻，并应经常疏通喷嘴，使之保持畅通。最佳存放温度为 4 ~ 5℃。

灭火器使用期在二年以上的，每年应送请有关部门进行水压试验，合格后方可继续使用，并在灭火器上标明试验日期。每年要更换药剂，并注明换药时间。

2. 二氧化碳灭火器

适用于扑救 600V 以下的带电电器、贵重设备、图书资料、仪器仪表等场所的初起火灾，以及一般的液体火灾；不适用扑救轻金属火灾。

① 使用方法：灭火时只要将灭火器的喷筒对准火源，打开启闭阀，液态的二氧化碳立即气化，并在高压作用下，迅速喷出。

应该注意，二氧化碳是窒息性气体，对人体有害，在空气中二氧化碳含量达到 8.5% 时，会发生呼吸困难，血压增高；二氧化碳含量达到 20% ~ 30% 时，呼吸衰弱，精神不振，严重的可能因窒息而死亡。因此，在空气不流通的火场使用二氧化碳灭火器后，必须及时通风；在灭火时，要连续喷射，防止余烬复燃；灭火器不可颠倒使用。

二氧化碳是以液态存放在钢瓶内的，使用时液体迅速气化吸收本身的热量，使自身温度急剧下降到 -78.5℃左右。利用它来冷却燃烧物质和冲淡燃烧区空气中的含氧量，以达到灭火的效果。所以，在使用中要戴上手套，动作要迅速，以防止冻伤。如在室外，则不能逆风使用。

② 维护保养：二氧化碳灭火器应放置明显、取用方便的地方，不可放在采暖或加热设备附近和阳光强烈照射的地方，存放温度不要超过 55℃。

定期检查灭火器钢瓶内二氧化碳的存量，如果重量减少十分之一时，应及时补充罐装。

在搬运过程中，应轻拿轻放，防止撞击。在寒冷季节使用二氧化碳灭火器时，阀门（开关）开启后，不得时启时闭，以防阀门冻结。

灭火器每隔 5 年请送专业机构进行一次水压试验，并打上试验年、月的钢印。

五、初起火灾如何扑救

1. 隔断可燃物

① 将燃烧点附近可能成为火势蔓延的可燃物移走。
② 关闭有关阀门，切断流向燃烧点的可燃气和液体。

③ 打开有关阀门，将已经燃烧的容器或受到火势威胁的容器中的可燃物料，通过管道引导至安全地带。

④ 采用泥土、黄沙筑堤等方法，阻止流淌的可燃液体流向燃烧点。

2. 冷却

冷却的主要方法是喷水或喷射其他灭火剂。

① 本单位（地区）如有消防给水系统、消防车或泵，应使用这些设施灭火。

② 本单位如配有相应的灭火器，则使用这些灭火器灭火。

③ 如缺乏消防器材设施，则应使用简易工具，如水桶、面盆等传水灭火。如水源离火场较远，到场灭火人员又较多，则可将人员分成两组，采取接力供水方法，即：一组向火场传水；另一组将空容器传回取水点，以保证源源不断地向火场浇水灭火。但必须注意：对忌水物资则切不可用水进行扑救。

3. 窒息

① 使用泡沫灭火器喷射泡沫覆盖燃烧物表面。

② 利用容器、设备的顶盖覆盖燃烧区，如盖上油罐、油槽车、油池、油桶的顶盖。

③ 油锅着火时，立即盖上锅盖。

④ 利用毯子、棉被、麻袋等浸湿后覆盖在燃烧物表面。

⑤ 用沙、土覆盖燃烧物，对忌水物质则必须采用干燥沙、土扑救。

4. 扑打

对于小面积草地、灌木及其他可燃物燃烧，火势较小时，可用扫帚、树枝条、衣物扑打。但应注意，对于容易飘浮的絮状粉尘等物质，则不可用扑打方法灭火，以防着火的物质因此飞扬，反而扩大灾情。

5. 断电

① 如发生电气火灾，火势威胁到电气线路、电气设备，或威胁到灭火人员安全时，首先要切断电源。

② 如果使用一般的水、泡沫等灭火剂灭火，必须在切断电源以后进行。

6. 阻止火势蔓延

① 对于密闭条件较好的小面积室内火灾，在未做好灭火准备前，先关闭门窗，以阻止新鲜空气进入。

② 与着火建筑相毗邻的房间，先关上相邻房门；可能条件下，还应再向门上浇水。

7. 防爆

① 将受到火势威胁的易燃易爆物质、压力容器、槽车等疏散到安全地区。

② 对受到火势威胁的压力容器、设备，应立即停止向内输送物料，并将容器内物料设法引导走。

③ 停止对压力容器加温，打开冷却系统阀门，对压力容器设备进行冷却。

④ 有手动放空泄压装置的，应立即打开有关阀门放空泄压。

六、调岗与复工安全培训如何进行

1. 调岗员工安全教育

① 岗位调换。接收部门接收因工作需要发生调动和调换到与原工作岗位操作方法有差异的岗位，以及短期参加劳动的管理人员时，应进行相应工种的安全生产教育。

② 教育内容。参照"三级安全教育"的要求确定，一般只需进行车间、班组级安全教育，但调作特种作业人员，要经过特种作业人员的安全教育和安全技术培训，经考核合格取得操作许可证后方准上岗作业。

2. 复工安全教育

对于因工伤痊愈后的人员及各种休假超过 3 个月的人员，要进行复工安全教育。

（1）工伤后的复工安全教育

① 对已发生的事故作全面分析，找出发生事故的主要原因，并指出预防对策。

② 对复工者进行安全意识教育，岗位安全操作技能教育及预防措施和安全对策教育等，引导其端正思想认识，正确吸取教训，提高操作技能，克服操作上的失误，增强预防事故的信心。

（2）休假后的复工安全教育。员工常因休假而造成情绪波动、身体疲乏、精神分散、思想麻痹，复工后容易因意志失控或者心境不定而产生不安全行为，导致事故发生。因此，要针对休假的类别，进行复工"收心"教育，也就是针对不同的心理特点，结合复工者的具体情况，消除其思想上的余波，有的放矢地进行教育，如重温本工种安全操作规程，熟悉机器设备的性能，进行实际操作练习等。表 2-3 是某工厂的节后复工安全作业教育，仅供参考。

对于因工伤和休假等超过 3 个月的复工安全教育，应由企业各级分别进行。经过教育后，由劳动人事部门出具复工通知单，班组接到复工通知单后，方允许其上岗操作。对休假不足3个月的复工者，一般由班组长或班组安全员对其进行复工教育。

表 2-3　节后复工安全作业教育

工段名称		时间	
施工班组		工种	

春节已过，班组施工人员及新增员工正投入工作现场。此阶段个人思想比较松散，易发生作业人员违章事故，因此必须要加强教育培训和管理，增强施工人员安全意识和技能，增强自我保护意识和能力。

（1）所有进场施工人员必须持证上岗。

（2）所有进场施工人员必须戴好安全帽，系好帽扣。每天上岗前各施工班组负责人需进行必要的安全交接。

（3）施工班组在现场严禁动用明火，在易燃部位放置消防器材。消防器材不准任意使用，不准任意移位。在现场严禁吸烟，禁止酒后作业。

（4）在登高作业时使用的推车、撑梯（必须使用木梯子）必须平稳、牢固。在临边、洞口操作要进行必要围护，同时上下要兼顾，严禁上下抛物。

（5）穿线时必须戴防护眼镜，以防眼睛受伤。

（6）在施工过程中，如果不能正确判断有无安全性，应立即停工汇报，待安全确认后方可施工。

（7）班组长不准违章指挥，施工人员不准违章作业。

（8）注意文明施工，每天的操作垃圾集中到指定地点堆放，随做随清。

（9）宿舍区域禁煮饭菜，并有专人负责宿舍内外卫生清洁工作。

（10）其他：

受教育人签名	

注：本表一式三份，一份留存，一份班组保存，一份交企业保管。

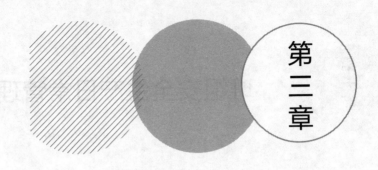

第三章

重视安全生产日常管理

安全生产非一朝一夕之功，需要常抓不懈才能长治久安，因此班组长必须认真抓好日常安全管理工作。

一要抓好制度建设与落实工作；二要落实好安全生产责任制；三要抓好安全教育工作；四要关口前移，切实加大源头预防力度；五要全方位、全天候、全过程、全员进行安全管理；六要通过实践，提高安全管理水平。

本章主要介绍班组安全生产日常管理要点，班组日常安全"一班三检"制和工艺流程安全控制三个方面的内容，可以根据本岗位的具体需要进行选择学习。

第一节 / 班组安全生产日常管理要点

一、如何做好交接班工作

交接班工作的主要内容有以下几点。

（1）交工艺。当班人员应对管理范围内的工艺现状负责，交班时应保持正确的工艺指标，并向接班人员交代清楚。

（2）交设备。当班人员应严格按照工艺操作规程和设备操作规程认真操作，对管辖范围内的设备状况负责，交班时应向接班人员移交完好的设备。

（3）交卫生。当班人员应保持好设备工作场所的清洁卫生，交班时交接清楚。

（4）交工具。交接班时，工具应摆放整齐，无油污、无损坏、无遗失。

（5）交记录。交接班时，确保设备运行记录、工艺操作记录维修记录等真实、准确、整洁。

凡上述交接事项不合格时，接班人有权拒绝接班，并应向管理层反映。

由车间主任（班组长）或岗位负责人填写交接班日记，具体内容有：生产任务完成情况，质量情况，安全生产情况，工具、设备情况（包括故障及排除情况）；安全隐患及可能造成的后果、注意事项、遗留问题及处理意见，车间或上级的指示。交接班记录定期存档备查。

二、如何实施安全检查

班组长、岗位操作人员要根据工作现场、岗位，编制符合规定的"安全检查表"，明确检查项目，找出存在的问题以及处理措施。

① 检查设备的安全防护装置是否良好。防护罩、防护栏（网）、保险装置、联锁装置、指示报警装置等是否齐全灵敏有效，接地（接零）是否完好。

② 检查设备、设施、工具、附件是否有缺陷和损坏；制动装置是否有效，安全间距是否合乎要求，机械强度、电气线路是否老化、破损，超重吊具与绳索是否达到安全规范要求，设备是否带"病"运转和超负荷运转。

③ 检查易燃易爆物品和剧毒物品的贮存、运输、发放和使用情况，是否严格

执行了易燃、易爆物品和剧毒物品的安全管理制度，通风、照明、防火等是否符合安全要求。

④ 检查生产作业场所和施工现场所存在的不安全因素。安全出口是否通畅，登高扶梯、平台是否符合安全标准，产品的堆放、工具的摆放、设备的安全距离、操作者安全活动范围、电气线路的走向和距离是否符合安全要求，危险区域是否有护栏和明显标志等。

⑤ 检查有无忽视或违反安全技术操作规程的现象。比如：操作无依据、没有安全指令、人为损坏安全装置或弃之不用，冒险进入危险场所，对运转中的机械装置进行注油、检查、修理、焊接和清扫等。

⑥ 检查有无违反劳动纪律的现象。比如：在作业场所工作时间开玩笑、打闹、精神不集中、酒后上岗、脱岗、睡岗、串岗；滥用机械设备或车辆等。

⑦ 检查日常生产中有无误操作、误处理的现象。比如：在运输、起重、修理等作业时信号不清、警报不鸣；对重物、高温、高压、易燃、易爆物品等做了错误处理；使用了有缺陷的工具、器具、起重设备、车辆等。

⑧ 检查个人劳动防护用品的穿戴和使用情况。比如：进入工作现场是否正确穿戴防护服、帽、鞋、面具、眼镜、手套、口罩、安全带等；电工、电焊工等电气操作者是否穿戴超期绝缘防护用品、使用超期防毒面具等。

⑨ 其他需要检查的内容。

三、如何进行安全隐患整改

班组针对日常检查中发现的安全隐患及不安全因素，在上级领导下建立并落实班组事故隐患整改制度。

① 班组长对本班组安全隐患整改工作全面负责，副班组长、安全员协助班组长做好管理、监督和统计上报工作，班组成员全力配合，确保安全隐患按期整改到位。

② 班组根据"安全检查表"中发现的潜在危险，将不能处理的，填写"隐患整改追踪记录卡"，按照安全隐患的严重程度、解决难易程度逐级上报，在上级领导下积极整改。

③ 安全隐患整改必须坚持"及时有效""先急后缓""先重点后一般""先安全后生产"的原则。

④ 对存在安全隐患的作业场所，要坚持"不安全不生产"的原则，制定切实可行的防范措施，无安全措施禁止生产。

⑤ 安全隐患整改要实行逐级销号制度，即对按期整改的安全隐患，班组要逐级进行销号；对未按期整改的安全隐患，要重点监控，确保彻底整改。

⑥ 因安全隐患整改治理不及时导致事故发生，在安全隐患责任区内确认事故责任，严肃处理。

"隐患整改追踪记录卡"的使用和内容如下。

班组根据"安全检查表"中发现的安全隐患或不安全因素，不能处理的，在采取防范措施的同时，认真填写"隐患整改追踪记录卡"（表3-1），一式三份或三联，一份交包修组负责人签字后退回备查；一份安排检修；一份交车间领导签字后退包修组备查。包修组无法处理的，将余下的两份"隐患整改追踪记录卡"报车间领导；另一份车间安全员备案后安排检修或上报厂部（车间无法处理的）。"隐患整改追踪记录卡"在哪个环节受阻，就由哪个环节承担其事故责任。

表3-1　隐患整改追踪记录卡

填报单位			填报时间		年　月　日
填报人姓名					
存在的隐患			确认依据		
收卡领导签字	维修班组长	（签字）			年　月　日
	车间领导	（签字）			年　月　日
	其他领导	（签字）			年　月　日
整改要求					
整改负责人	（签字）				年　月　日
完成情况（完成时间、工时、材料费；或上报车间、厂）					
销卡	（岗位验收或列入安全、技改、大修等项目）				

四、如何进行设备保养及维修管理

1. 设备保养实行三级保养制和重点检查相结合的制度

① 一级保养：日常维护保养。主要包括定期检查、清洁和润滑，发现小故障及时排除，及时做好巡检工作以及必要的相关记录。

② 二级保养：设备维修人员按计划进行的设备保养工作。主要包括对设备进行局部解体，进行彻底的清洗、调整，按照设备磨损规律进行定期保养。

③ 三级保养：设备维修人员按计划对设备进行全面清洗、部分解体检查和局

部修理，更换或修复局部磨损件，使设备能达到完好状态。

④ 设备重点检查：根据要求用检测仪表或人的感觉器官，对设备的某些关键部位进行异状排查。通过日常重点检查和定期重点检查，及时发现设备的隐患，避免和减少突发故障，提高设备的完好率。

2. 设备维修进行分级管理

① 零星维修工程：对设备进行日常的检修及为排除故障而进行的局部修理。通常需要修复、更换少量易损零部件，调整较少部分机构和精度。

② 中修工程：对设备进行正常的、定期的全面检修，对设备部分解体修理和更换少量磨损零部件，保证设备恢复和达到应有的标准和技术要求。更换率一般在 10% ～ 30%。

③ 大修工程：对设备进行定期的全面检修，对设备进行全部解体，更换主要部件和修理不合格零部件，使设备基本恢复原有性能。更换率一般超过30%。

④ 设备更新和技术改造：当设备使用一定年限后，技术性能落后、效率低、耗能大、污染问题多，需及时进行更新，提高和改善技术性能。

3. 设备保养和维修的原则

① 以预防为主，坚持日常保养与计划维修并重，使设备经常处于良好状态。

② 对所有设备做到"三好""四会"和"五定"。"三好"即用好、修好和管理好重要的设备。"四会"是指维修人员对设备要会使用、会保养、会检查、会排除故障。"五定"指的是对主要生产设备的清洁、润滑、检修要做到定量、定人、定点、定时和定质。

③ 实行专业人员修理与使用操作人员修理相结合，以专业修理为主，提倡使用人员参加日常的保养和维修。

④ 完善设备管理和定期维修制度，制定科学的保养规程，完善设备资料和维修登记卡片制度，制定合理的定期维修计划。

⑤ 修旧利废，合理更新，降低设备维修费用，提高整体经济效益。

五、如何进行危险作业报批

1. 什么是危险作业

危险作业是指对周围环境具有较高危险性的活动。根据民法通则的规定，高度危险作业包括高空、高压、易燃、易爆、剧毒、放射性、高速运输工具等，这些作业都对周围环境有高度危险性。

2. 高度危险作业的认定

所谓的高度危险作业，必须具备以下几个条件：

① 必须是对周围环境有危险的作业；

② 必须是在活动过程中产生危险性的作业；

③ 必须是需要采取一定的安全方法，才能进行活动的作业。

3. 危险作业范围界定

① 高处作业（无固定栏杆、平台且高于基准坠落面2m）；

② 带电作业；

③ 禁烟火范围内进行的明火或易燃作业；

④ 爆破或有爆炸危险的作业；

⑤ 有中毒或窒息危险的作业；

⑥ 危险的起重运输作业；

⑦ 其他有较大危险可能导致重伤以上事故的作业。

4. 危险作业报批规定

① 凡属从事危险作业范围内工作的班组，经企业安全办审查并现场检查后提出方案，填写"危险作业申请单"一式二份，主管领导批准后方可作业。

② 特殊情况无法履行审批手续时，现场应有专人负责安全工作，并有具体的安全措施，在情况允许后立即通知企业安全办并补办审批手续。

③ 企业安全办应及时对危险作业点进行现场调查，作业时应派人或布置安全值班人员做重点检查。

④ 班组应认真遵守执行此制度，未执行者按违章作业进行处理。

六、如何开展安全日活动

班组每周组织一次安全日活动，真正达到员工自我教育、自我管理的目的，使班组安全日活动制度化、规范化。

① 学习安全生产文件、安全管理制度、安全操作规程及安全技术知识，总结一周的安全生产情况，提出进一步做好安全生产的对策和要求。

② 结合上级下发的事故通报，组织分析、讨论事故原因和制定预防措施，举一反三，吸取教训。

③ 根据事故预案和操作规程的要求，进行生产异常情况紧急处理能力的培训和演练，定期开展防火、防爆、防中毒和自我保护能力的训练。

④ 定期进行安全技术操作法等安全知识的学习和考试。

⑤ 进行安全座谈，就安全管理和隐患整改等内容提出合理化建议等。

⑥ 安全日活动要做到有领导、有内容、有记录（即班组安全日活动记录），安全管理部门要定期检查。

⑦ 车间领导必须参加班组安全日活动，各处室以上领导也要定期参加基层班组的安全日活动，企业领导每季度参加一次；分管领导、车间主任每月参加一次，并认真做好记录。

⑧ 充分发挥班组兼职安全员的作用，落实班组安全员的安全职责，提高活动效果。

⑨ 安全管理部门要做好日常检查和考核，并将其纳入经济责任制考核当中。

七、什么是班组安全互保联保制

1. 什么是互保

所谓的互保，就是在作业过程中，要看一看有没有危及他人的安全，详细了解清楚周边的安全状况，关键时刻要多提醒身边的同事，一个善意的提醒，就可能防止一次事故，就可能挽救一条生命；关注周围同事的行为，对现场出现"三违"现象要立即制止，绝不视而不见，更不能盲目从事。关注他人安全的意识就是保护他人的安全，是每一个作业人员的安全责任和义务，也是自我保护的有效措施。

2. 什么是联保

所谓联保，就是在作业过程中，不单单是关心自己，同时还要关心他人，相互提醒、相互监督、相互促进，形成人人抓安全，人人保安全的责任意识，增强员工的凝聚力，提高全员的安全意识。

3. 安全互保、联保制度

班组人员安全互保、联保管理制度包括以下方面。

① 班组实行安全互保制，互保对象要明确，有图表或文字确认。

② 工作前，车间主任（班组长）应根据出勤情况和人员变动情况，明确互保对象，不得遗漏。

③ 在每一项工作中，工作人员形成事实上的互相联保，应履行互保、联保职责。

④ 发现对方有不安全行为与不安全因素、可能发生意外情况时，要及时提醒纠正，工作中要呼唤应答。

⑤ 工作中根据工作任务、操作对象合理分工，互相关心、互创条件。

⑥ 工作中要互相提醒、监督，严格执行劳动防护用品穿戴标准，严格执行安全规程和有关制度。

⑦ 确保对方安全作业，不要发生违章作业行为。

八、怎样进行安全目标考核

为认真贯彻执行"预防为主，安全第一，综合治理"的指导方针，控制和减少伤亡事故，应结合各级安全生产目标管理责任状中的要求和班组实际，在上级的领导下制定班组责任目标考核制度。

① 班组安全责任明确，针对性强，便于操作，且责任状签订到位。

② 车间主任（班组长）、安全员及成员经过安全培训考试合格，具备识别危险、控制事故的能力；完全执行国家安全规定，以及本厂安全生产规章制度。

③ 班组成员熟练掌握本岗位安全技术规程和作业标准，并经考试合格上岗，完全贯彻执行规程和标准，按规定保管好"工作票"和"操作票"。

④ 开好交接班会、安全评估会，过好安全活动日，做好安全学习记录，积极有效地开展安全标准化作业，安全教育做到经常化。

⑤ 每日上班加强安全检查，正确使用岗位"安全检查表"和"隐患整改追踪记录卡"，做到工具、设备无缺陷和隐患，安全装置齐全、完好、可靠，正确佩戴和使用劳动防护用品。

⑥ 作业环境整洁、安全通道畅通、安全警示标志醒目。

⑦ 班组实现个人无违章、岗位无隐患、全员无事故。

⑧ 班组无重大伤亡、重大设备毁损、火灾等事故。

⑨ 班组安全档案管理规范、有序。

⑩ 实行安全生产"一票否决"制度，凡发生安全事故的班组取消年度评先进资格。

九、怎样进行班组日常安全管理

1. 关注现场作业环境

环境是意外事故的发生中非常重要的因素，通常工作环境脏乱、工厂布置不合理、搬运工具不合理、采光与照明差、工作场所危险都易发生事故。所以，班组长在安全防范中应关注作业环境，整理整顿生产现场，平时需关心以下一些事项：

① 作业现场的采光与照明情况是否符合标准？

② 通气状况如何？

③ 作业现场是否有许多碎铁屑与木块？会不会影响作业？

④ 作业现场的通道情况是不是足够宽敞畅通？

⑤ 作业现场的地板上是否有油或水？会不会影响员工的作业？

⑥ 作业现场的窗户是否擦拭干净？

⑦ 防火设备的功能是否可以正常发挥？有没有进行定期的检查？

⑧ 载货的手推车在不使用的情况时是不是放在指定点？

⑨ 作业安全宣传与指导的标语是否贴在最引人注目的地方？

⑩ 经常使用的楼梯、货品放置台是否有摆放不良品？

⑪ 设备装置与机械的是否符合安全手册要求置于最正确的地点？

⑫ 机械的运转状况是否正常？润滑油注油口有没有油漏到作业现场的地板上？

⑬ 下雨天，雨伞与雨具是否放置在规定的地方？

⑭ 作业现场是否置有危险品？其管理是否妥善？是否做了定期检查？

⑮ 作业现场入口的门是否处于最容易开启的状态？

⑯ 放置废物与垃圾的地方通风系统是否良好？

⑰ 日光灯的台座是否牢固？是否清理得很干净？

⑱ 电气装置的开关或插座是否有脱落的地方？

⑲ 机械设备的附属工具是否零乱地放置在各处？

⑳ 班组长的指示与注意点，员工是否都能深入地了解，并依序执行？

㉑ 共同作业的同事是否能完全与自己配合？

㉒ 其他问题。

2. 关注员工工作状态

关注员工的工作状态，是指班组长在工作过程中，需要关注员工是否存在身心疲劳现象。因为员工身体状况不好或因超时作业而引起身心疲劳，会导致员工在工作上无法集中注意力。

员工在追求高效率作业时，也要适时地根据自己的身体状况作出相应调整，不能在企业安排休养时间内做过于令人刺激兴奋的娱乐活动，这样不但浪费了休息时间，还会降低工作效率。通常，班组长要留意员工以下事项：

① 员工对作业是否持有轻视的态度？

② 员工对作业是否持有开玩笑的态度？

③ 员工对班组长的命令与指导是否持有反抗的态度？

④ 员工是否有与同事发生不和的现象？

⑤ 员工是否在作业时有睡眠不足的情形？

⑥ 员工身心是否有疲劳的现象？

⑦ 员工手、足的动作是否经常维持正常状况？

⑧ 员工是否经常有轻微感冒或身体不适的情形？

⑨ 员工对作业的联系与作业报告是否有怠慢的情形发生？

⑩ 员工是否有心理不平衡或担心的地方？

⑪ 员工是否有穿着不整洁的工作制服与违反公司规定的事项？

⑫ 其他问题。

3. 督导员工严格执行安全操作规程

安全操作规程是前人在生产实践中，摸索甚至是用鲜血换来的经验教训，集中反映了生产的客观规律。

① 精力高度集中。人的操作动作不仅要通过大脑的思考，还要受心理状态的支配。如果心理状态不正常，注意力就无法高度集中，在操作过程中易发生因操作方法不当而引发事故的情况。

② 文明操作。要确保安全操作，就必须做到文明操作，做到清楚任务要求，对所需原料性质十分熟悉，及时检查设备及其防护装置是否存在异常，排除设备周围的阻碍物品，力求做到准备充分，以防注意力在中途分散。

操作中出现异常情况也属正常现象，切记不可过分紧张和急躁，一定要保持冷静并善于及时处理，以免酿成操作差错而产生事故；杜绝麻痹、侥幸、对不安全因素视若无物，从小事做起，从自身做起，把安全放在首位。

4. 监督员工严格遵守作业标准

经验证明，违章操作是绝大多数的安全事故发生不可忽视的一面。因此，为了避免发生安全事故，就要求员工必须严格认真遵守标准。在操作标准的制定过程中，充分考虑影响安全方面的因素，违章操作很可能导致安全事故的发生。

对于班组长而言，要现场指导、跟踪确认。该做什么？怎样去做？重点在哪？班组长应该对员工传授到位。不仅要教会，还要跟进确认一段时间，检查员工是否已经真正掌握操作标准，成绩稳定与否，绝不能只是口头交代。

5. 监督员工穿戴劳保用品

作为班组长，一定要熟悉本公司、本车间在何种条件下使用何种劳保用品，同时也要了解掌握各种劳保用品的用途。如果员工不遵守规定穿戴劳保用品，可以向其讲解公司的规定章程，也可向他们解释穿戴劳保用品的好处和不穿戴劳保用品的危害。在佩戴和使用劳保用品时，谨防发生以下情况。

① 从事高空作业的人员，因没系好安全带发生坠落情况。

② 从事电工作业（或手持电动工具）的人员因不穿绝缘鞋而发生触电。

③ 在车间或工地，工作服不按要求着装，或虽然穿了工作服，但穿着邋遢，敞开前襟，不系袖口等，造成机械缠绕。

④ 长发不盘入工作帽中，发生长发被卷入机器里的事故。

⑤ 不正确戴手套。有的该戴手套的不戴，造成手的烫伤、刺破等伤害；有的不该戴手套的却戴了，造成机器卷住手套，连同手也一齐带进去，甚至连胳膊也带进去的伤害事故。

⑥ 护目镜和面罩佩戴不适当、不及时，面部和眼睛遭受飞溅物伤害或灼伤，或受强光刺激，导致视力受伤。

⑦ 安全帽佩戴不正确，当发生物体坠落或头部受撞击时，造成伤害事故。

⑧ 工作场所不按规定穿用劳保皮鞋，致使脚部受伤。

⑨ 各类口罩、面具选择使用不正确；因防毒护品使用不熟练，造成中毒伤害。

6. 检查生产现场是否存在不安全状态

班组长在现场巡查时，要检查生产现场是否存在不安全状态，主要包括以下几个方面。

① 检查设备的安全防护装置是否良好。防护罩、防护栏（网）、保险装置、连锁装置、指示报警装置等是否齐全、灵敏有效，接地（接零）是否完好。

② 检查设备、设施、工具、附件是否有缺陷。制动装置是否有效，安全间距是否符合要求，机械强度、电气线路是否老化、破损，超重吊具与绳索是否符合安全规范要求，设备是否带"病"运转和超负荷运转。

③ 检查易燃、易爆物品和剧毒物品的储存、运输、发放和使用情况，是否严格执行了制度，通风、照明、防火等是否符合安全要求。

④ 检查生产作业场所和施工现场有哪些不安全因素。有无安全出口，登高扶梯、平台是否符合安全标准，产品的堆放、工具的摆放、设备的安全距离、操作者的安全活动范围、电气线路的走向和距离是否符合安全要求，危险区域是否有护栏和明显标志等。

7. 检查员工是否存在不安全操作

班组长在现场巡查时，要检查在生产过程中员工是否存在不安全行为和不安全的操作，主要包括以下几个方面。

① 检查有无忽视安全技术操作规程的现象。比如，操作无依据、没有安全指令、人为地损坏安全装置或弃之不用，冒险进入危险场所，对运转中的机械装置进行注油、检查、修理、焊接和清扫等。

② 检查有无违反劳动纪律的现象。比如，在工作时间开玩笑、打闹、精神不集中、脱岗、睡岗、串岗；滥用机械设备或车辆等。

③ 检查日常生产中有无误操作、误处理的现象。比如，在运输、起重、修理等作业时信号不清、警报不鸣；对重物、高温、高压、易燃、易爆物品等处理错误；使用了有缺陷的工具、器具、起重设备、车辆等。

企业安全生产日常管理检查表见表3-2。

表3-2 企业安全生产日常管理检查表

企业名称：×××××有限公司

序号	检查内容	落实情况	
		是/否	备注
一、企业安全生产保障情况			
1	建立、健全安全生产责任制		
	是否建立、健全以下安全生产责任制：		
①	主要负责人安全生产责任制		
②	分管负责人安全生产责任制		
③	安全管理人员安全责任制		
④	岗位安全生产责任制		
⑤	职能部门安全生产责任制		
⑥	安全作业管理制度		
⑦	仓库、储罐安全管理制度		
2	组织制定安全生产规章制度和操作规程		
	是否制定以下安全生产规章制度，并正式发布：		
①	安全教育培训制度		
②	安全生产奖惩制度		
③	安全生产事故隐患排查、整改制度		
④	安全设施、设备管理制度		
⑤	办公场所防火、防爆管理制度；安全警示标志设立情况；有否疏散出口、有否标志、是否畅通；消防器材数量、放置地点、有效期		
⑥	办公场所职业卫生管理制度		
⑦	劳动防护用品（具）管理制度		

序号	检查内容	落实情况	
		是 / 否	备注
一、企业安全生产保障情况			
3	监督、检查安全生产工作		
①	主要负责人是否定期组织召开安全会议和参加安全检查活动		
②	是否正常开展定期安全检查活动		
③	是否及时整改检查中发现的生产安全事故隐患		
4	组织制定并实施生产安全事故应急救援预案		
①	是否制定应急救援预案并定期开展演练		
②	是否建立应急救援组织或指定专（兼）职应急救援人员		
5	生产安全事故		
①	是否发生因工伤亡事故		
②	是否如实、及时报告生产安全事故		
二、企业安全管理机构或人员履行管理职责情况			
1	设置安全管理机构及配备人员		
①	是否设置了专门安全生产管理机构		
②	是否按基本从业条件要求培训和配备相关从业人员		
2	落实企业安全生产规章制度		
①	安全教育培训记录		
②	安全检查及隐患整改记录		
③	安全设施登记、维护保养及检测记录		
④	特种设备登记及检测、检验台账记录		
⑤	职业卫生检测台账记录		
3	重大危险源管理		

续表

序号	检查内容	落实情况	
		是/否	备注
二、企业安全管理机构或人员履行管理职责情况			
①	是否确定企业的重大危险源并建立重大危险源登记档案		
②	是否落实重大危险源的安全监控措施、应急措施		

督查意见：

检查人（签字）：   企业负责人（签字）：

日期：   年   月   日

第二节   班组日常安全"一班三检"制

一、怎样开展"一班三检"制

"一班三检"制是按安全检查制度的有关规定，每天都进行的、贯穿于生产过程中的检查。主要是通过班组长、工会小组劳动保护检查员、班组安全员及操作者的现场检查，以发现生产过程中一切事物的不安全状态和人的不安全行为。目前，很多班组实行"一班三检"制，即班前、班中、班后进行安全检查，"班前查安全，思想添根弦；班中查安全，操作保平安；班后查安全，警钟鸣不断"，这句话充分说明了"一班三检"制的意义和重要性。因此，班组即使面临的生产任务再重，时间再紧，也必须坚持"一班三检"制。

① 注重实效，防止走过场。"一班三检"检查的侧重点不同，"班前检查"的内容有以下三项。

a. 检查防护用品和用具，看班组成员是否按要求穿戴了防护用品，是否按规定携带了防护用具。如果不符合规定，应督促他们及时改正。

b. 检查作业现场，看是否存在不安全因素，如果存在应及时排除。

c. 检查机械设备，看是否处于良好状态，如有故障则应及时检修。"班前检查"的重点是对设备运行状况、作业环境危险因素进行检查，并制止和纠正违章行为，消灭事故苗头，确保班组成员按章操作和设备正常运行。

"班后检查"的内容是：检查工作现场和机械设备，做到工完场清，防护用品用具摆放有序，机械设备处于完好状态，不给下一班留下隐患。对"一班三检"规定的检查项目，班组长及每个班组成员必须逐项地进行认真检查，不放过任何一个可疑点，任何疏忽，都有可能成为事故的隐患。

② "班中检查"作为重点。上班至下班这段时间较长，班组成员实际的作业行为频繁，机械设备也都处于运行状态，难免会遇到许多新情况、新问题，因此班中的安全检查是一个重点。班组长要做有心人，经常地督促检查。班组成员要随时注意自己作业岗位的安全状况，遇有重大事故隐患，应停止作业，并及时上报。在隐患消除，确保安全的情况下，才能重新作业。

③ 把检查督促与安全教育结合起来。一些班组成员对规章制度抱着消极应付的态度。如班组长在班前督促他戴上安全帽，他却认为"戴了没啥用"，嫌麻烦，作业中又把安全帽扔到一边。因此，班组长必须把抓制度与抓教育有机地结合起来，把"一班三检"中遇到的问题放到班组安全教育中去解决，只有班组成员的防护意识提高了，才能主动地进行检查，自觉地遵守规章。

④ 持之以恒，常抓不懈。坚持"一班三检"制，必须使实劲、有韧劲、有恒心。部分班组成员认为："天天检查，也没查出什么漏洞和隐患，隔三岔五检查一下就行了"，因而使"一班三检"时紧时松，在上级强调或出了事故时，便抓得紧一些；时间一久又松懈下来，使制度形同虚设。这种认识和做法是十分不利的，应当认识到，以前没有检查出漏洞和隐患，不等于以后不出漏洞与隐患。在班组生产中必须天天、时时对事故加以防范，而坚持"一班三检"制正是天天、时时预防事故发生的有效措施。

二、"一班三检"有何方法和手段

安全检查是运用安全系统工程的原理，对系统中影响安全的有关要素逐项进行检查的一种方法。

1. 安全检查表

安全检查表是安全检查的一种有效工具。安全检查表是一个较为系统的安全问题的清单，它事先把检查对象系统地加以剖析，查出不安全因素，然后确定检查项目，并按系统顺序编制成表。由于检查表做到了系统化、完整化，所以不会漏掉任何可能导致危险的关键因素。同时，安全检查表简明易懂，容易掌握。因此，班组应针对不同的检查对象，事先准备好相应的安全检查表，可以保证通过安全检查充分发现问题，不留任何隐患。

2. 安全检查表的填写

安全检查表的填写一般采用提问方式，即以"是"或"否"来回答，"是"表示符合要求，"否"表示存在问题，有待进一步改进。检查表内容要具体、细致，条理清楚，重点突出。表中应列举需要查明的所有可能导致伤亡事故的不安全状态和行为，将其列为问题，并在每个提问后面设置改进措施栏。

3. 安全检查表的编制

安全检查表可以按生产系统、班组编写，也可以按专题编写。

在编制安全检查表时，要做到依据准确，即让检查表在内容上和实际运用中均能达到科学、合理，并符合法律要求。检查表内容必须符合检查对象的实际情况，切忌生搬硬套，流于形式。

检查表还要突出重点，即要把经常出现事故隐患、最容易发生事故的项目作为重点；主次分明，即对检查项目按可能存在的危险程度，分为必检项目、评价项目、一般检查项目、经常项目。做到先主后次，重点突出，要求具体。

为了便于使用，检查表切勿太庞杂、烦琐。一个编制完善的检查表，既可以在检查中使用，也可以对已发生的事故或出现的问题进行诊断，查清事故原因和责任者。

4. 安全检查

检查是手段，目的在于及时发现问题、解决问题。班组长应该在检查过程中或检查以后，发动群众及时整改。整改应实行"三定"（定措施、定时间、定负责人）和"四不推"（班组能解决的，不推到工段；工段能解决的，不推到车间；车间能解决的，不推到厂；厂能解决的，不推到上级）。对于一些长期危害职工安全健康的重大隐患，整改措施应件件有交代，条条有着落。为了督促各单位事故隐患整改工作的落实，可采用向存在事故隐患的单位下发"事故隐患整改通知书"的方式，指定其限期整改。

对于检查中发现的不安全因素，应分别情况对待处理。对领导违章指挥、工人违章操作等，应当场劝阻，并通知现场负责人严肃处理；对生产工艺、劳动组织、设备、场地、操作方法、原料、工具等存在的不安全问题，应通知责任单位限期改进；对严重违反国家安全生产法规，随时有可能造成严重人身伤亡的装备设施，应立即通知责任单位进行处理。

第三节 工艺流程安全控制

一、工艺安全有何基本要求

1. 投料安全要求

① 应该知道原辅料的物理化学性质、投料程序、泄漏的处理措施和可能出现的安全问题。

② 投料前应该做好相关的准备工作（按操作规程进行）：

a. 穿戴好防护用品，检查安全设施应完好，做好检查记录；

b. 按规定要求依次关闭或打开相关阀门（底阀、蒸汽阀、真空阀、氮气阀、冷冻介质阀、水阀、放空阀、回流阀等）；

c. 检查管道、阀门、反应釜、计量槽等是否有泄漏；

d. 打开通风或抽风系统。

③ 物料包装应完整，有标签、名称、重量或质量指标、产地、批号。

④ 按要求的投料量准确称重，有人复核、记录。

⑤ 若用软管抽吸液体物料，管道中的液体物料不应有残留，抽完后应该将敞开的进料管口放入密闭容器中，以防管中残液泄漏，发生安全事故。

⑥ 起吊物料的人员应持证上岗，操作中发现异常应立即停止起吊。

⑦ 剩余物料存放车间指定区域或退回仓库，车间存放的物料不应超过一天用量。

⑧ 如有物料泄漏，不得随意用水冲洗，应根据安全操作规程及时处置。

⑨ 有物料溅到人体应及时处置，如果是酸碱应立即用水冲洗，不得延误，必要时立即就医。

2. 工艺操作安全要求

工艺操作岗位员工应针对本岗位安全操作规程操作，为员工提供以下参考方法。

① 按操作程序开启阀门、搅拌等。

② 严格控制加料速度，温度、压力必须在规定范围内。

③ 如果温度、压力超出正常范围，应按操作规程立即处置。若仍然不能正常运行，应立即停车，问题解决后方可继续运行。

④ 如果发生冲料，应立即采取切实可行的安全措施，对冲出的物料应及时处置。

⑤ 冷凝器的冷却系统应正常运行，冷凝液和冷却液的出口温度应在规定范围内，如果超温应及时采取切实可行的措施。

⑥ 处理易凝固、易沉积危险性物料时，设备和管道应有防止堵塞和便于疏通的措施。

⑦ 物料倒流会产生危险的设备管道，应视具体情况设置自动切断阀、止回阀或中间容器等。

⑧ 在异常情况下，物料串通会产生危险时，应有防止措施。

⑨ 对有失控可能的聚合等工艺过程，应根据不同情况采取下列一种或几种应急措施：

a.停止加入催化剂（引发剂）；

b.加入终止剂或链转移剂，使催化剂失效；

c.排出物料或停止加入物料；

d.紧急泄压；

e.停止供热或由加热转为冷却；

f.加入稀释物料；

g.加入易挥发性物料；

h.通入惰性气体。

⑩ 输送酸、碱等强腐蚀性化学物料泵的填料函或机械密封的周围，宜设置安全护罩。

⑪ 从设备及管道排放的腐蚀性气体或液体，应加以收集、处理，禁止任意排放。

⑫ 安全标志和安全色完好清晰。

⑬ 阀门布置比较集中，易因误操作而引发事故时，应在阀门附近标明输送介质的名称、符号等明显的标志。

⑭ 生产场所与作业地点的紧急通道和紧急出入口，均应设置明显的标志和指示箭头。

⑮ 极度危害（Ⅰ级）或高度危害（Ⅱ级）的职业性接触毒物，应采用密闭循环系统取样。

⑯ 取样口的高度离操作人员站立的地面与平台不得超过 1.3m，高温物料的取样应经过冷却。

⑰ 硫化氢应采取密闭方式取样。

⑱ 极度危害（Ⅰ级）、高度危害（Ⅱ级）的职业性接触毒物和高温及强腐蚀性物料的液位指示，不得采用玻璃管液位计。

⑲ 产生大量湿气的厂房，应采取通风除湿措施，并防止顶棚滴水和地面积水。

⑳ 腐蚀性介质的测量仪表管线，应有相应的隔离、冲洗、吹气等防护措施。

㉑ 强腐蚀性液体的排液阀门，宜设双阀。

㉒ 液氯汽化热水不应超过 40℃。

㉓ 应按规定巡检，做好记录。

㉔ 禁止在作业现场用餐。

二、常见危险工艺的安全要求有哪些

在对危险工艺进行安全检查时，应对照工艺图纸和技术文件逐一核实。危险工艺的安全要求见表 3-3。

表 3-3　危险工艺的安全要求

工艺名称	安全要求	备注
1. 电解工艺	（1）电解槽有温度、压力、液位、流量报警，并且联锁有效 （2）电解供电整流装置与电解槽供电的报警和联锁 （3）有紧急联锁切断装置和事故状态下氯气吸收中和系统，确保吸收中和系统有效，如碱液浓度、储量等必须满足要求 （4）有可燃和有毒气体检测报警装置，并在检测有效期内 （5）设有联锁停车系统	
2. 氯化工艺	（1）氯化反应釜设有温度、压力检测报警系统，并与搅拌、氯化剂流量、进水阀系统联锁 （2）设有反应物料的比例控制和联锁 （3）设有搅拌的稳定控制系统，设有进料缓冲器 （4）设有紧急进料切断系统 （5）设有紧急冷却系统 （6）设有安全泄放系统 （7）设有事故状态下氯气吸收中和系统 （8）设有可燃和有毒气体检测报警装置，并在检测有效期内	

工艺名称	安全要求	备注
3. 硝化工艺	（1）反应釜内温度应有报警，并与搅拌、硝化剂流量、硝化反应釜夹套冷却水进水阀系统联锁 （2）硝化反应釜处设立紧急停车系统、安全泄放系统和紧急冷却系统，当硝化反应釜内温度超标或搅拌系统发生故障时，能够自动报警并自动停止加料，实施紧急冷却和安全泄放 （3）分离系统温度控制与加热、冷却装置形成联锁，温度超标时，能够停止加热并紧急冷却 （4）有塔釜杂质监控系统 （5）硝化反应系统应设有泄爆管和紧急排放系统	
4. 裂解	（1）将引风机电流与裂解炉进料阀、燃料油进料阀、稀释蒸汽阀之间联锁，一旦引风机故障停车，则裂解炉自动停止进料并切断燃料供应，但应继续供应稀释蒸汽，以带走炉膛内的余热 （2）燃料油压力与燃料油进料阀、裂解炉进料阀之间联锁，燃料油压力降低，则切断燃料油进料阀，同时切断裂解炉进料阀 （3）分离塔应安装安全阀和放空管，低压系统与高压系统之间应有逆止阀，并配备固定的氮气装置、蒸汽灭火装置 （4）裂解炉电流与锅炉给水流量、稀释蒸汽流量控制系统之间联锁，一旦水、电、蒸汽等公用工程出现故障，裂解炉就可以自动紧急关停 （5）反应压力正常情况下由压缩机转速控制，开机时及非正常工况下由压缩机入口放火炬控制 （6）再生压力由烟机入口蝶阀和旁路滑阀（或蝶阀）分程控制 （7）再生、待生滑阀正常情况下，分别由反应温度信号和反应器料位信号控制，一旦滑阀差压出现低限，则转由滑阀差压控制 （8）再生温度由外取热器催化剂循环量或流化介质流量控制 （9）带明火的锅炉设置熄火保护控制 （10）大型机组设置相关的轴温、轴震动、轴位移、油压、油温、防喘振等系统控制	
5. 氟化	（1）反应釜内温度、压力与釜内搅拌、氟化物流量、氟化反应釜夹套冷却水进水阀系统联锁 （2）紧急冷却系统应设有报警和联锁装置 （3）应有搅拌的稳定控制系统 （4）氟化反应釜处设立紧急关停系统和安全泄放系统，当氟化反应釜内温度或压力超标或搅拌系统发生故障时，能自动停止加料并紧急关停 （5）氟化反应操作中，要严格控制氟化物浓度、投料配比、进料速度和反应温度等，必要时应设置自动比例调节装置和自动联锁控制装置	

工艺名称	安全要求	备注
6. 加氢	（1）将加氢反应釜内温度、压力与釜内搅拌电流、氢气流量控制装置、加氢反应釜夹套冷却水进水阀形成联锁关系 （2）应设置温度和压力的报警装置 （3）应有循环氢压缩机停机报警、氢气紧急切断和搅拌的稳定控制系统 （4）设置紧急停车系统、安全泄放系统和加入急冷氮气或氢气紧急冷却的系统，当加氢反应釜内温度或压力超标或搅拌系统发生故障时自动停止加氢，紧急冷却，进入紧急状态安全泄放 （5）有安全阀、爆破片、紧急放空阀、有毒或可燃气体探测器等安全设施	
7. 重氮化	（1）反应釜内温度、压力与搅拌、亚硝酸钠流量控制装置、重氮化反应釜夹套冷却水进水阀联锁 （2）设有反应物料的比例控制和联锁系统 （3）应有紧急冷却系统、紧急停车系统、安全泄放系统，当重氮化反应釜内温度超标或搅拌系统发生故障时自动停止加料、紧急停车并安全泄放 （4）重氮化后处理设备应配置温度检测、搅拌、冷却联锁自动控制调节装置 （5）干燥设备应配置温度测量、加热热源开关、惰性气体保护的联锁装置 （6）具备安全阀、爆破片、紧急放空阀等安全设施	
8. 氧化	（1）反应釜内温度和压力与反应物的配比和流量控制装置、冷却水进水阀、紧急冷却系统联锁 （2）应有紧急切断系统、紧急断料系统、紧急冷却系统和紧急送入惰性气体的系统，当氧化反应釜内温度超标或搅拌系统发生故障时，自动通知加料、紧急冷却和紧急送入惰性气体，进行紧急关停 （3）有气相氧含量监测、报警和联锁装置 （4）有安全阀、爆破片、可燃和有毒气体检测报警装置等安全设施，同时查装置是否在检测有效期限内	
9. 过氧化	（1）有反应釜温度和压力的报警系统 （2）应有紧急关停系统、紧急断料系统、紧急冷却系统、安全泄放系统和紧急入惰性气体的系统 （3）过氧化反应釜内温度与釜内搅拌电流、过氧化物流量控制装置、过氧化反应釜夹套冷却水进水阀联锁。当釜内温度超标或搅拌系统发生故障时，自动停止加料、紧急冷却和紧急送入惰性气体，进行紧急关停 （4）有反应物料的比例控制和联锁装置 （5）有气相氧含量监测、报警和联锁装置 （6）安全设施有泄爆管、安全泄放系统、可燃和有毒气体检测报警装置等，同时查看该装置是否在检测有效期限内	

工艺名称	安全要求	备注
10. 氨基化	（1）有反应釜温度和压力的报警装置 （2）反应釜内温度、压力与搅拌、物料流量控制装置、反应釜夹套冷却水进水阀联锁 （3）有反应物料的比例控制和联锁系统 （4）应有紧急冷却系统、紧急停车系统、紧急送入惰性气体的系统、安全泄放系统 （5）有气相氧含量监控联锁系统 （6）主要安全设施有安全阀、爆破片、单向阀、可燃和有毒气体检测报警装置等，同时查看该装置是否在检测有效期限内	
11. 磺化	（1）有反应釜温度的报警装置 （2）反应釜内温度与磺化剂流量控制装置、磺化反应釜夹套冷却水进水阀、釜内搅拌电流控制装置联锁 （3）有搅拌的稳定控制和联锁系统 （4）应有紧急冷却系统、紧急停车系统、安全泄放系统，当磺化反应釜内各参数偏离工艺指标时，能自动报警、停止加料、进行紧急关停 （5）安全设施有泄爆管、紧急排放系统和三氧化硫泄漏监控报警系统等，其中泄爆管出口应引导到安全地点	
12. 聚合	（1）有反应釜温度和压力的报警装置 （2）反应釜内温度、压力与釜内搅拌电流、聚合单体流量、引发剂加入量控制装置，以及聚合反应釜夹套冷却水进水阀联锁 （3）设置紧急冷却系统、紧急切断系统、紧急停车系统和紧急加入反应终止剂系统 （4）当反应超温、搅拌失效或冷却失效时，能及时加入聚合反应终止剂，安全泄放，紧急停车 （5）有搅拌的稳定控制和联锁系统 （6）料仓应消除静电，用氮气置换 （7）安全设施有安全泄放系统、防爆墙、泄爆面和有毒或可燃气体检测报警系统等	
13. 烷基化	（1）应设有紧急切断系统、紧急冷却系统、安全泄放系统 （2）反应釜内温度和压力与釜内搅拌、烷基化物料流量控制装置，以及烷基化反应釜夹套冷却水进水阀联锁 （3）安全设施有可燃和有毒气体检测报警装置、安全阀、爆破片、紧急放空阀和单向阀	
14. 光气及光气化工艺	（1）应设有事故紧急切断阀、紧急冷却系统 （2）有反应釜温度、压力报警联锁装置 （3）有局部排风设施 （4）有毒气体回收及处理系统 （5）有自动泄压装置 （6）有自动氨或碱液喷淋装置 （7）有光气、氯气、一氧化碳监测及超限报警装置 （8）采用双电源供电	

工艺名称	安全要求	备注
15. 合成氨工艺	（1）合成氨装置内温度、压力与物料流量控制装置、冷却系统联锁 （2）压缩机温度、压力、入口分离器液位调控装置与供电系统形成联锁关系 （3）有紧急停车系统 （4）有可燃、有毒气体检测报警装置 （5）设置以下几个控制回路： ①氨分、冷交液位 ②废锅液位 ③循环量控制 ④废锅蒸汽流量 ⑤废锅蒸汽压力	

三、如何制定企业安全管理制度

1. 制定安全生产规章制度的要求

在制定安全生产规章制度时，要注意以下事项：

① 深入实际，调查研究；

② 搜集和研究法律、法规和标准；

③ 结合经验，制定条款；

④ 关键条文要经过技术试验和技术鉴定；

⑤ 坚持先进，摒弃落后；

⑥ 不断更新和补充完善。

2. 科学制定安全生产规章制度

① 明确范围对象：确定所要建立的安全生产规章制度的对象、范围。

② 制订计划：明确建立新制度的目标和时间进度。

③ 搜集和研究以下相关信息：

a. 与生产经营单位建立制度相适应的现行、有效的国家有关法律、法规和标准；

b. 本单位生产经营活动中存在的危险和有害因素，以及所采取的预防控制措施及运行情况；

c. 本单位安全生产管理中存在的问题及原因，包括作业环境、设备、人员管理中存在的问题及原因。

④ 拟定条款：在符合国家法规、标准的前提下，根据本单位实际情况和以往行之有效的经验、办法，拟定条款，各条款细节翔实、无歧义。

⑤广泛征询员工意见，必要时经安全委员会逐条讨论。

⑥修改完善：根据讨论结果适时修改。

⑦审批颁布：按本单位程序审批后，以文件的形式进行颁布实行，并进行宣传。

⑧执行并不断完善：将实行过程中规章条款存在的一些问题和缺陷，形成反馈意见和建议，提交规章制度制定部门，并不断地进行修改和完善。

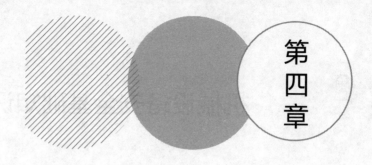

第四章

熟知设备工夹具安全管理

机械设备和工夹具安全管理是班组长现场管理的重要内容。

本章主要介绍机械设备安全基础知识和传动装置、冲剪压设备、金属切割加工、冲压机械、运输机械和利器使用的安全作业要点，对班组长的现场安全管理具有实际指导意义。

第一节 / # 机械设备安全基础知识

一、机械设备的危险点有哪些

危险点指的是在作业中有可能发生危险的地点、场所、部位、动作或工器具等。机械设备的危险点指的是在使用机械设备时有可能发生危险的部位。通常生产活动中运转的机械设备具有较多的运动部位，因而员工在作业过程中，在机械运动狭窄点、夹进点、剪断点、衔接点、接线衔接点、回转卷入点等引发事故的危险率非常高。

1. 狭窄点

狭窄点指的是机械往返运动的部位与固定部位之间形成的危险点，例如压榨机（PRESS）的上部模具和下部模具之间的狭窄点（图 4-1）。

2. 夹进点

夹进点指的是机械的固定部分与回转运动部分一起形成的危险点，例如磨床与作业台之间的夹进点（图 4-2）。

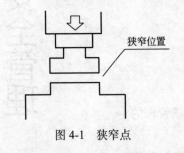

图 4-1　狭窄点

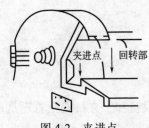

图 4-2　夹进点

3. 剪断点

剪断点是指因回转的运动部分自身与运动着的机械本身而形成的危险点

（图 4-3）。例如，木材加工用的圆锯齿，木工用的弓锯齿等。

4. 衔接点

衔接点指的是回转的两个回转体，互相以相反方向衔接而在其部位上发生危险点，例如滚轴的衔接点或齿轮的衔接点等（图 4-4）。

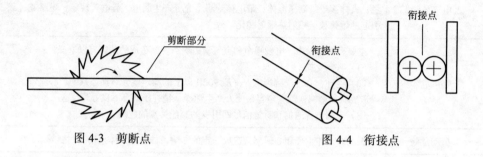

图 4-3　剪断点　　　　　　　　　　图 4-4　衔接点

5. 接线衔接点

接线衔接点指的是回转部分向接线方向衔接进去的部位上发生的危险点，例如 V 形带、链带平带的接线衔接点（图 4-5）。

6. 回转卷入点

回转卷入点指的是回转的物体上，工作服、头发等可能被卷入的危险部分。例如回转轴、电动螺钉等回转卷入点（图 4-6）。

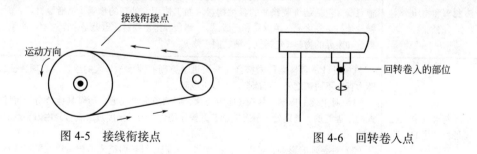

图 4-5　接线衔接点　　　　　　　　图 4-6　回转卷入点

二、机械设备的危险类型有哪些

班组长要防止机械设备发生危险，最重要的就是必须对机械设备产生的危险类型非常熟悉。机械设备产生的危险类型主要包括 8 种，详见表 4-1。

表4-1 机械设备产生的危险类型

类型	危险因素
1. 机械危险	因机械设备及其附属的零件、构件、工件、工具或者飞溅流体和固体物质等的机械能作用，产生伤害的各种物理因素，以及与机械设备有关的滑绊、倾倒和跌落危险
2. 电气危险	电气危险主要有电击、燃烧和爆炸三种形式。具体包括人体与带电体的直接接触；人体接近带高压电体；带电体绝缘不充分产生漏电、静电等现象；短路或过载引起的熔化粒子喷射热辐射和化学效应
3. 噪声危险	主要有机械噪声、电磁噪声和空气动力噪声。其造成的危害有以下三种： （1）听觉受损 （2）生理、心理受到影响。一般90dB以上的噪声就会对神经系统、心血管系统等造成明显影响；低噪声容易使人产生烦躁、精神压抑等不良心理反应 （3）干扰语言通信和听觉信号而引发的其他类别的危险
4. 振动危险	振动对人体生理和心理都会造成一定的影响，如造成人体损伤和病变等
5. 辐射危险	（1）电波辐射：低频辐射、无线电射频辐射和微波辐射等 （2）光波辐射：主要包括红外线辐射、可见光辐射和紫外线辐射 （3）射线辐射：X射线和Y射线辐射 （4）粒子辐射：主要包括d、p粒子射线辐射、电子束辐射、离子束辐射和中子辐射等 （5）激光辐射：能够杀伤人体细胞和机体内部的组织，轻者会引起各种病变，重者会导致死亡
6. 温度危险	通常将29℃以上的温度称为高温，零下18℃以下的温度称为低温。高温对人体的影响有高温烧伤、烫伤、高温生理反应，高温还会引起燃烧或爆炸；低温对人体的影响有低温冻伤和低温生理反应
7. 材料和物质产生的危险	使用机械加工过程的所有材料和物质可能产生危险。例如：构成机械设备、设施自身（包括装饰装修）的各种物料；加工使用、处理的物料（包括原材料、燃料、辅料、催化剂、半成品和产成品）；剩余和排出物料，也就是生产过程中产生、排放和废弃的物料（包括气、液、固态物）
8. 不符合安全人机学原则产生的危险	机械设计或环境条件未符合安全人机学原则的要求，与人的生理或心理特征、能力存在不协调之处，可能会产生以下危险： （1）对生理的影响。负荷（体力负荷、听力负荷、视力负荷等其他负荷）超过人的生理范围，长期处于静态或动态型操作姿势、劳动强度过大或过分用力导致的危险 （2）对心理的影响。对机械进行操作、监视或维护而造成精神负担过重或准备不足、紧张等而产生的危险 （3）对人操作的影响。表现为操作出现偏差或失误而导致的危险等

三、机械设备的伤害类型有哪些

在班组生产的现场，机械设备对人体造成的伤害类型（表4-2）主要包括挤压、剪切和冲撞，飞出物打击，卷入和碾压，卷入和绞缠，碰撞和剐蹭，跌倒和坠落，物体坠落打击，切割和擦伤。

表 4-2　机械设备对人体造成的伤害类型

序号	类型	表现
1	挤压、剪切和冲撞	此类伤害通常是由于做往复直线运动的零部件所引起，比如相对运动的两部件之间，运动部件与静止部分之间，由于安全距离不够产生的夹挤，做直线运动部件的冲撞。直线运动有横向运动和垂直运动
2	飞出物打击	（1）由于发生断裂、松动、脱落或弹性势能等机械能的释放，使失控的物件飞甩或反弹出去，对人造成伤害。例如高速运动的零件破裂碎块甩出；切削废屑的崩甩等 （2）弹性元件的势能引起的弹射。例如，弹簧、皮带等的断裂
3	卷入和碾压	其伤害主要是由机械相互配合的程度大小所决定的，例如，相互啮合的齿轮之间，齿轮与齿条之间，皮带与皮带轮、链与链轮进入啮合部位的夹紧点，两个做回转运动的辊子之间的夹口引发的卷入；滚动的旋转件引发的碾压，比如轮子与轨道、车轮与路面等
4	卷入和绞缠	这种伤害主要是由做回转运动的机器部件（如轴类零件）所引起，包括联轴节、主丝杠等；回转件上的凸出物和开口，例如轴上的凸出键、调整螺栓或销、圆状零件（链轮、齿轮、皮带轮）的轮辐、手轮上的手柄等，在运动情况下，将人的头发、饰物、衣袖或下摆卷缠从而引起的伤害
5	碰撞和剐蹭	机械结构上的凸出、悬挂部分（例如起重机的支腿、吊杆，机床的手柄等），长、大加工件伸出机床的部分等产生碰撞和剐蹭
6	跌倒和坠落	由于地面堆物无序或地面凹凸不平导致的磕绊跌伤，接触面摩擦力过小（光滑、油污、冰雪等）造成的打滑、跌倒。人从高处失足坠落，误踏入坑井坠落；电梯悬挂装置破坏，轿厢超速下行，撞击坑底对人员造成的伤害
7	物体坠落打击	处于高位置的物体意外坠落造成的伤害。例如，高处掉下的零件、工具或其他物体（哪怕是很小的）；悬挂物体的吊挂零件破坏或夹具夹持不牢引起物体坠落；由于质量分布不均衡，重心不稳，在外力作用下发生倾翻、滚落；运动部件运行超程脱轨导致的伤害等
8	切割和擦伤	切削刀具的锋刃，零件表面的毛刺，工件或废屑的锋利飞边，机械设备的尖棱、利角和锐边；粗糙的表面（如砂轮、毛坯）等，无论物体的状态是运动的还是静止的，这些由于形状产生的危险都会对人造成伤害

四、机械设备的不安全状态有哪些

机械设备在按规定的使用条件下执行其功能的过程中，以及在运输、安装、调整、维修、拆卸和处理时，都可能会对人员造成损伤或对健康造成危害。这种伤害在机械设备使用的任何阶段和各种状态下都有可能发生。

1. 正常工作状态的危险因素

在机械完好的情况下，机械完成预定功能的正常运转过程中，存在着各种不可避免的，但却是执行预定功能所必须具备的运动要素，有些可能产生危害后果。例如，大量形状各异的零部件的相互运动、刀具锋刃的切削、起吊重物、机械运转的噪声等，在机械正常工作状态下存在着碰撞、切割、重物坠落、使环境恶化等对人身安全不利的危险因素。

2. 非正常工作状态的危险因素

在机械运转过程中，由于各种原因（人员操作失误，动力突然丧失或外界干扰等）引起的意外状态。例如，意外启动、运动或速度变化失控，外界磁场干扰使信号失灵，瞬时大风造成起重机倾覆倒地等。机械的非正常工作状态是没有先兆的，会直接导致或轻或重的事故危害。

3. 故障状态的危险因素

故障状态指的是机械设备（系统）或零部件丧失了规定功能的状态，其危险因素如下。

① 对所涉及的安全功能影响很小的部分故障，不会出现大的危险。例如，当机械的动力源或某零部件发生故障时，使机械停止运转，处于故障保护状态。

② 有些故障会导致某种危险状态。例如，由于电气开关故障，会产生不能停机的危险；砂轮轴的断裂，会导致砂轮飞甩的危险；速度或压力控制系统出现故障，会导致速度或压力失控的危险等。

4. 非工作状态的危险因素

机械停止运转处于静止状态时，在正常情况下，机械基本是安全的，但是不排除由于环境照度不够，导致人员与机械悬凸结构的碰撞；结构垮塌；在风力作用下室外机械的滑移或倾覆；易燃、易爆原材料的堆放燃烧引起爆炸等危险。

5. 检修保养状态的危险因素

检修保养状态指的是对机械进行维护和修理作业时（包括保养、修理、改装、翻建、检查、状态监控和防腐润滑等）机械的状态。

尽管检修保养一般在停机状态下进行，但是在作业中检修人员往往需要攀高、钻坑、将安全装置短路、进入正常操作禁止进入的危险区，使得检修保养作业出现危险性。

五、机械设备的危险因素有哪些

在班组生产现场中，因机械设备引发的安全事故不在少数，作为班组长，要对机械设备的不安全状态做到十分熟悉，发现危险因素后第一时间予以处理。

1. 防护、保险、信号等装置缺乏或有缺陷

防护、保险、信号等装置缺乏或存在缺陷，主要有以下两种情况。

① 无防护。无防护罩，无防护栏或防护栏损坏，设备电气未接地，绝缘不良，无限位装置等。

② 防护不当。防护罩没有在适当位置，防护装置调整不当，安全距离不够，电气装置带电部分裸露等。

2. 设备、设施、工具、附件有缺陷

设备、设施、工具、附件有缺陷，主要包括以下几种情况。

① 设备在非正常状态下运行。故障设备仍然运转，超负荷定转等。

② 维修、调整情况不合格。设备失修，保养不当，设备失灵，未加润滑油等。

③ 强度不够。机械强度不够，绝缘强度不够，起吊重物的绳索未达到安全要求等。

④ 设计不当，结构不符合安全要求，制动装置有缺陷，安全间距不够，工件上有锋利毛刺、毛边，设备上有锋利倒棱等。

3. 个人防护缺陷

个人防护用品、用具、防护服、手套、护目镜及面罩、呼吸器官护具、安全帽、安全鞋等缺少或有缺陷。主要有两种情况：一是所用防护用品、用具不符合安全要求；二是无个人防护用品、用具。

4. 生产场地环境不良

一般包括以下几种情况。

① 通风不良，无通风，通风系统效率低等。

② 照明光线不良，包括照度不足，作业场所烟雾灰尘弥漫、视物不清，光太强，有眩光等。

③ 作业场地杂乱。工具、制品、材料堆放不安全。

④ 作业场所狭窄。

⑤ 操作工序设计或配置不安全，交叉作业过多。

⑥ 地面有油或其他液体，有冰雪，地面有易滑物，如圆柱形管子、滚珠等。

⑦ 交通线路的配置不安全。

⑧ 储存方法不安全，物品堆放过高、不稳。

六、机械设备的设计缺陷有哪些

机械设备缺陷是指机械设备本身所具有的不安全因素。这些缺陷是一种潜在危险。其产生的原因主要有以下几种。

① 设计不合理，特别是那些只满足使用功能要求，而忽视职业安全、卫生、人机工程等方面要求的带有"先天不足"的机械设备尤为严重。图4-7是设计不合理的插座。

② 加工制造、装配等质量低劣，而又未按国家有关技术法规、标准进行严格检验、论证。

③ 维护保养不当或设备陈旧、"超期服役"，以及存在故障而未及时修理等。

图4-7　设计不合理的插座

七、人为造成的安全风险有哪些

在班组生产现场中，操作者有意或者无意的不安全行为，同样会导致机器设备发生事故。主要有以下几种情况。

① 操作错误、忽视安全、忽视警告，包括未经许可擅自开动、关停、移动机器，或者开动、关停机器时未给信号；开关未锁紧，造成意外转动；忘记关闭设备；警告标志、警告信号不明显；操作错误（如按错按钮，阀门、扳手、把柄的操作方向相反）；供料或送料速度过快，机械超速运转；冲压机作业时手伸进冲模；违章驾驶机动车；工件刀具紧固不牢；用压缩空气吹铁屑等。

② 使用不安全设备。临时使用不牢固的设施，如工作梯，使用无安全装置，

拉临时线不符合安全要求等。

③ 机械运转时加油、修理、检查、调整、焊接或清扫。

④ 造成安全装置失效。拆除了安全装置，安全装置失去作用，调整错误造成安全装置失效。

⑤ 用手代替工具操作。用手代替手动工具，用手清理切屑，不用夹具固定，用手拿工件进行机械加工等。

⑥ 攀、坐不安全位置（如平台护栏、吊车吊钩等）。

⑦ 物体（成品、半成品、材料、工具、切屑和生产用品等）存放不当。

⑧ 穿戴不安全装束。如在有旋转零部件的设备旁作业时穿着过于肥大、宽松的服装，操纵带有旋转零部件的设备时戴手套，穿高跟鞋、凉鞋或拖鞋进入车间作业等。

⑨ 在必须使用个人防护用品、用具的作业场合时，忽视其使用，如未戴各种个人防护用品。

⑩ 无意或为了排除故障而接近危险部位，如在无防护罩的两个相对运动零部件之间清理卡住物时，可能造成挤伤、夹断、切断、压碎或人的肢体被卷进机器。除了机械结构设计不合理外，这种行为也是违章作业。

八、金属切割伤害类型有哪些

金属切割加工（图 4-8）常见的伤害事故主要包括以下几种。

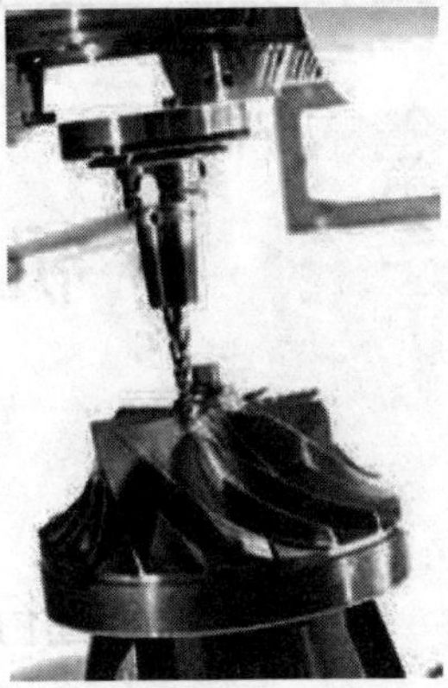

1. 刺割伤

操作人员使用较锋利的工具刃口，如金属加工车间里正在工作着的车、铣、刨、钻等机床的刀锯，能对未加防护的人体部位造成极大伤害。

图 4-8 金属切割加工

2. 物体打击

车间的高空落物，工件或砂轮高速旋转时沿切线方向飞出的碎片，往复运动的冲床、剪床等，可导致人员受到打击伤害。

3. 绞伤

机床旋转的皮带、齿轮和正在工作的转轴都可导致绞伤。

4. 烫伤

切削加工下来的切屑，迸溅到人体暴露部位上可能导致人员烫伤。

九、运输机械伤害类型有哪些

造成运输机械伤害的原因有三个方面，如表 4-3 所示。

表 4-3　造成运输机械伤害的原因

序号	原因类别	主要因素说明
1	操作因素	（1）装卸方式不当、捆绑不牢造成的脱钩、起重物散落或摆动伤人 （2）违反操作规程，如超载、人处于危险区工作等造成的人员伤亡和设备损坏，以及因司机不按规定使用限重器、限位器、制动器或未按规定归位、锚定造成的超载、过卷扬、出轨、倾翻等事故 （3）指挥不当、动作不协调造成的碰撞等
2	设备因素	（1）设备操纵系统失灵或安全装置失效而引起的事故，如制动装置失灵而造成重物的冲击和夹挤 （2）电气设备损坏而造成的触电事故
3	环境因素	（1）因雷电、阵风、龙卷风、台风、地震等强自然灾害造成的倒塌、倾翻等设备事故 （2）因场地拥挤、杂乱造成的碰撞、挤压事故 （3）因亮度不够和遮挡视线造成的碰撞事故等

第二节 / # 机械设备安全管理实务

一、怎样进行传动与冲剪压设备安全作业

1. 传动装置安全事项

传动装置要求遮蔽全部运动部件，以隔绝身体任何部分与之接触。主要防护措施如下。

① 裸露齿轮传动系统必须加装防护护罩。

② 凡离地面高度在 2m 以下的链传动，必须安装防护罩，在通道上方时，下方必须设有防护挡板，以防链条断裂时落下伤人。

③ 传动皮带的危险部位采用防护罩，尽可能立式安装。传动皮带松紧要适当。

2.冲剪压设备安全事项

冲剪压设备关键是要有良好的离合器和制动器，使其在启动、停止和传动制动上十分可靠。其次要求机器有可靠的安全防护装置，安全防护装置的作用是保护操作者的肢体进入危险区时，离合器不能合上或者压力滑块不能下滑。常用的安全防护装置有防打连车装置、压力机安全电钮、双手多人启动电钮等。

① 防打连车装置就是利用凸轮机进行锁定与解脱，来防止离合器的失灵，使用中在每一次冲压操作中必须要松开踏板，才能开始下一行程，否则，压力机不动作。

② 压力机安全电钮。其工作原理是按电钮一次，压力机滑块只动作一个行程而不连续运转，可以起到保护操作者手的作用。

③ 双手或多人启动装置。其作用是操作者双手同时动作方能启动。这样就把双手从危险区抽出来，防止单手操作时出现一只手启动，另一只手还在危险区的情况，多人启动则是防止配合失误造成的伤害。

二、怎样进行金属切割加工安全作业

① 穿紧身防护服，袖口不要敞开。留长发的，要戴防护帽。操作时不能使用手套，以防高速运转的部件绞缠手套而把手带入机械，造成伤害。

② 在机床主轴上装卸卡盘应在停机后进行，勿用电动机的力量切下卡盘。

③ 切削形状不规则的工件时，应装平衡块，并试转平衡后再进行切削。

④ 刀具装夹要牢靠，刀头伸出部分不要超出刀体高度的 1.5 倍，垫片的形状、尺寸应与刀体形状、尺寸相一致，垫片应尽可能少而平。

⑤ 除了装有运转中自动测量装置的车床外，其他车床均应关停后测量工件，并将刀架移动到安全位置。

⑥ 对切削下来的带状或螺旋状的切屑，应用钩子及时清除，不准用手拉。

⑦ 操作车床时，应在合适的位置上安装透明挡板，以防止崩碎切屑伤人。

⑧ 用砂轮打磨工件表面时，应把刀具移到安全位置，避免让衣服和手接触工件表面。加工内孔时，不可用手指支撑砂轮，应用木棍支撑，同时速度要适当。

⑨ 夹持工件的卡盘、拨盘、鸡心夹的凸出部分最好使用防护罩，以免绞住衣服及身体的其他部位。如无防护罩，操作时应注意保持安全距离。

⑩ 用顶尖装夹工件时，顶尖与中心孔应完全一致，不能用破损或歪斜的顶尖。使用前应将顶尖和中心孔擦净，后尾座顶尖要顶牢。

⑪ 禁止把工具、夹具或工件放在车床床身上和主轴变速箱上。

三、怎样进行冲压机械安全作业

① 机器的旋转轴、传送带等旋转部位要加防护罩、安全护栏、安全护板等直接防护，拆掉这些安全装置时，必须经上级批准。

② 为防止身体等不慎碰触启动键而使其启动，启动键应加以防护，做成外包式或凹陷式。

③ 作业时，穿戴合适的工作服、戴安全帽、穿防砸鞋等，不得穿裙子、戴手套、围巾，长发不能露在帽外，不得佩戴悬吊饰物。

④ 作业前检查服装是否有被卷入的危险（脖子上缠的毛巾、上衣边、裤脚等）。

⑤ 保证作业必要的安全空间。

⑥ 机器开始运转时，严格实行按规定的信号操作。

⑦ 机器运转时，禁止用手调整或测量工件，禁止用手触摸机器的旋转部件。

⑧ 清理铁屑等接近危险部位的作业时应使用夹具（如搭钩、铁刷等）。

⑨ 停机进行清扫、加油、检查和维修保养等作业时，必须锁定该机器的启动装置，并挂警示标志。

⑩ 发觉危险时，立即操作紧急停车键。

⑪ 每日作业前，检查冲压机（离合器、制动器、安全装置），出现问题应立即进行修补，确保完好。

⑫ 整理好工作空间，清理一切不必要的物件，以防工作时震落到开关上，造成冲床突然启动发生事故。

⑬ 依照安全操作规程进行作业。

⑭ 整理好机器周围空间，清理地上杂物，以防工作时滑跌或绊倒。

⑮ 停机检修或因其他原因停机时，应使用安全片或安全塞防止意外滑动事故，并在明显处悬挂警告牌。

⑯ 绝对不能私自拆除安全装置或使其功能失效。

⑰ 服装要整齐，使用指定的作业工具和劳保用品（安全帽、手套、工具夹等）。

⑱ 两人以上共同作业时，需设置两个以上开关，同时启动时才能有效。

⑲ 身体不适、疲惫时，禁止作业。

⑳ 定期检修安全装置。

四、怎样进行起重运输机械安全作业

起重运输机械操作安全防范措施，主要包括以下几种。

① 起重、运输作业人员必须经有资格的培训单位培训并考试合格，取得特种作业人员操作证后，才能上岗。

② 起重运输机械必须设有安全装置。

③ 严格检验和修理起重运输机件，需报废的应立即更换。

④ 建立健全维护保养、定期检验、交接班制度和安全操作规程。

⑤ 起重机运行时，禁止任何人上下起重机。

⑥ 起重机悬臂能够伸到的区域禁止站人。

⑦ 吊运物品时，禁止从有人的区域上空经过，吊物上严禁站人，不能对吊挂物进行加工。

⑧ 不能在设备运行中检修。

⑨ 起吊的东西不能在空中长时间停留，特殊情况下应采取安全保护措施。

⑩ 开机前必须先打铃或报警，操作中接近人时，应给予持续打铃或报警。

⑪ 按指挥信号操作，对紧急停机信号，必须严格听从，立即执行。

⑫ 确认起重机上无人时，才能闭合主电源进行操作。

⑬ 工作中突然断电时，应将所有控制器手柄扳回零位；重新工作前，应检查起重机是否工作正常。

⑭ 在轨道上作业的起重机工作结束后，应将起重机锚定住，当风力大于6级时，一般应停止工作，并将起重机锚定住。

五、利器使用安全注意事项有哪些

1. 生产性利器使用控制

利器指的是在生产过程中，需要使用的、带有伤害性和危险性的器具。常见的生产性利器有刀片、剪刀、剪钳、缝纫针、注射器、针头、镊子、螺钉旋具、金属钩、锥子等。利器必须进行严格的管理，否则就可能会导致利器遗失、利器伤人、利器的残缺部分遗失在产品里造成伤害事故等。

（1）了解现场需用的利器

班组长应对自己所管理的现场需要用到哪些利器心中有数。为便于管理，可以设计"现场利器清单"（表4-4）来加以管理。

表4-4 现场利器清单

部门：　　　　　　　　　　　　　　　　　　　　　　　　　　　编号：

序号	利器名称	编号	数量	备注

续表

序号	利器名称	编号	数量	备注

（2）利器的领取

① 由班组长到部门利器管理员处统一领取，并负责使用期的保管。

② 上班前或需要使用利器时，员工应向班组长领取，并记录于"利器收发记录表"（表4-5）中，工作期间由员工自行保管。员工辞职后必须将利器交回班组长处，由班组长仔细核对利器否完整。

表4-5 利器收发记录表

部门：　　　　　　　　　　　　　日期：　　　　　　　　　　　　利器管理员：

利器名称编号	上午（数量）			下午（数量）			加班（数量）			利器损坏遗失状况
	发出	回收	使用者	发出	回收	使用者	发出	回收	使用者	

利器种类：A.剪钳　B.剪刀　C.刀片　D.缝纫针　E.注射器和针头　F.镊子　G.螺钉旋具　H.金属钩 I.锥子。

（3）利器的使用管理

① 安装好利器的固定绳和固定环，使用时可用绳索绑固定在工作台上。

② 利器只能由指定的人员在指定的空间范围内使用，并严格按有关规定方法及步骤使用。

③ 任何使用利器的工人如需离开车间，必须向班组长交回所使用的利器。

④ 禁止任何有锋利刀口的器械流出车间，严禁使用规定以外的利器。

⑤ 成品包装车间不得使用利器。

⑥ 班组长每两小时对现场使用利器情况进行一次巡查，巡查内容包括利器是否符合认可的规格和捆绑方式，利器是否断裂、生锈。"利器巡查记录表"见表4-6。

表4-6 利器巡查记录表

序号	时间	利器记录							巡查人
		利器编号	利器名称	使用部门	是否违规使用	是否损坏	收发记录	备注	

注：1. 不定时抽查，如实记录；

2. 若发现异常情况，如利器有残缺且无记录，应立即上报。

2. 利器的更换

利器的更换，就是当利器出现问题，如不锋利、生锈、断裂等时，要立即报告班组长，舍坏取好。

当利器断裂时，员工必须立即将断裂的利器用胶带粘在一起，完整地交回班组长，班组长每3天将需要更换的利器交部门主管审查批准后，再交由利器管理员进行更换，同时必须填写"利器损坏更换记录表"（表4-7）。利器管理员将废弃的利器收集于专用桶内。

表4-7 利器损坏更换记录表

部门：　　　　　　　　　　更换日期：　　　　　　　　　　编号：

日期	利器名称	利器编号	数量（只）	利器状态描述	更换记录

主管：

3. 利器遗失的处理

利器遗失时，必须及时找回；找不到时，必须对现场生产的产品进行隔离查找，直至找到为止，并追究相关人员责任。

4. 利器的回收处理

利器更换或收回时，如果有折断或破碎情况，必须要收集所有破损部分；如果破损部分未收回，则应对产品进行隔离。事发现场的班组长要组织和监督本班组先进行人人自检，力求追回破损的利器部分；如果未追回，所有产品必须返工，直到找到为止，并追究有关人员责任。收集的破损利器每月统一进行处理。

第三节 / # 工夹具安全管理常识

一、什么是生产工夹具

1. 概念

工装，即工艺装备，是制造过程中所用的各种工具的总称。它包括刀具、夹具、模具、量具、检具、辅具、钳工工具、工位器具等，统称工夹具。

机械制造过程中用来固定加工对象，使之占有正确的位置，以接受施工或检测的装置，又称为卡具。

2. 工夹具安全管理的范围和内容

从广义上说，在工艺过程中的任何工序，用来迅速、方便、安全地安装工件的装置，都可称为夹具。例如焊接夹具、检验夹具、装配夹具、机床夹具等。其中机床夹具最为常见，常简称为夹具。在机床上加工工件时，为使工件的表面能达到图纸规定的尺寸、几何形状，以及与其他表面的相互位置精度等技术要求，加工前必须将工件装好（定位）、夹牢（夹紧）。夹具通常由定位元件（确定工件在夹具中的正确位置）、夹紧装置、对刀引导元件（确定刀具与工件的相对位置或导引刀具方向）、分度装置（使工件在一次安装中能完成数个工位的加工，有回转分度装置和直线移动分度装置两类）、连接元件以及夹具体（夹具底座）等组成。

夹具种类按使用特点可分为以下几种。

① 万能通用夹具。如机用虎钳、卡盘、分度头和回转工作台等，有很大的通用性，能较好地适应加工工序和加工对象的变换，其结构已定型，尺寸、规格已系列化，其中大多数已成为机床的一种标准附件。

② 专用性夹具。为某种产品零件在某道工序上的装夹需要而专门设计制造，服务对象专一，针对性很强，一般由产品制造厂自行设计。常用的有车床夹具、铣床夹具、钻模（引导刀具在工件上钻孔或铰孔用的机床夹具）、镗模（引导镗刀杆在工件上镗孔用的机床夹具）和随行夹具（用于组合机床自动线上的移动式夹具）。

③ 可调夹具。可以更换或调整元件的专用夹具。

④ 组合夹具。由不同形状、规格和用途的标准化元件组成的夹具，适用于新产品试制和产品经常更换的单件、小批生产以及临时任务。

除虎钳、卡盘、分度头和回转工作台之类，还有一个更普遍的夹具叫刀柄，一般说来，刀具夹具这个词同时出现时，这个夹具大多指的就是刀柄。

二、各部门工夹具管理的职责是什么

① 品质部。负责按照生产技术部提供的装配图对送检的夹具进行检定，并做记录。

②生产技术部。负责对不合格的夹具进行判定，并作出处理决定。

③ 生产车间。负责按照月检计划将在用的夹具送检；负责按照生产技术部给定的修理工艺对夹具进行修复。

第四节 / 工夹具安全管理实务

一、工夹具安全管理的规程是什么

工夹具安全管理操作规程如下。

① 工夹具设计必须符合现场生产情况，使用安全及技术要求。

a. 工夹具设计必须遵守"保证产品质量，使用操作安全，维护检修方便"基本原则。

b.图样设计完毕后，应通知有关制造加工、生产使用和维护检修技术人员进行审查，以便及时修改。

c.工夹具制造必须按照设计图纸的技术要求，严格选择材料。

d.加工必须严格按照图纸技术要求和加工工艺进行，以确保工夹具质量。

② 工夹具外加工应同供方签订有关加工质量保证书，对加工单位进行必要的合格评定及控制。

a.工夹具外加工时，工厂负责此项工作的人员应向供方提供详细的技术交底，必要时应派员工进行现场监督，以加强同外加工方的工作和协商处理问题。

b.所制造的工装、夹具与其配件必须与图纸相符。

c.工夹具制造完毕后，必须经过试验调整、验证，符合产品技术要求，且质量稳定，使用操作安全，安装检修方便。

二、怎么进行工夹具的入厂验收

工夹具入厂验收规程如下。

① 工夹具入厂时，夹具管理员应根据生产技术部提供的夹具清单进行清点，如果夹具生产厂家提供了送货清单，应同时核对送货清单，经核对无误后，签收工夹具。

② 品质部在接收到夹具管理员送检的夹具后，应在一个工作日内，安排人员完成对送检工夹具的入厂检定。

③ 质检人员应根据生产技术部提供的装配图对夹具进行判定，出具"工装检定报告"，如果所有尺寸均合格，则在"工装检定报告"中"检定结论"栏勾上合格选项，经品质部部长签字后交仓储进行入库；若存在有尺寸不合格的情况，则必须经过生产技术部的评审，由技术部在"工装检定报告"中写明处理意见后，交夹具管理员。

三、怎么进行工夹具的入库

① 夹具管理员在得到"工装检定报告"后，若处理意见为"合格"，则办理入库手续，并将工夹具分产品进行建账；如果处理意见为"修理"，则由供应部负责退回工装制造厂进行修理，修理完成后，按新工装处理；如果处理意见为"报废"，则由供应部负责与供方联系退换事宜。

② 工夹具验收合格后，夹具管理员必须建立"工装档案"，并且将入厂验收的检定结果填写到"周期检定"栏中，并在备注中注明"入厂验收"，在"处理意

见"栏内填写"合格"。

③ 工夹具建账后，夹具管理员应根据检定周期将此夹具添加到"夹具年检计划"中。

④ 夹具验收合格后，夹具管理员应当将夹具进行标识，标识一律采用钢印号标识。

四、怎么进行工夹具的存放与保管

1. 存放与保管

① 工夹具制造完毕，或者外加工回厂后交生产部进行验证，合格后方能入库。

② 工夹具由使用部门进行存放，并有专职或兼职人员管理。

a. 全公司所有工夹具应按规定分类放在专用架子上，并按照有关工夹具的所编序号进行整齐排列，保持工夹具清洁，方便取放。

b. 工夹具应放在能足够载荷的专用垫板上，并允许适量的多层放置保管，还必须按编号对号排列整齐，保持良好间距。

③ 本厂所有工夹具必须按照各种产品用途，使用设备类别，从入库之日起进行编号。

a. 工夹具管理员必须建立"工夹具台账"和有关标识卡。

b. 所有工装夹量具库存数与使用数，必须做到账物相符，准确掌握流动　情况。

④ 管理员必须将工夹具使用维修情况报告生产技术部门。

2. 使用与跟踪

车间、班组根据生产使用工夹具的情况，填写"工夹具维修记录"，并经车间负责人签字。

五、怎么进行工夹具的维修

夹具修理规程如下。

① 对于处理意见为"修理"的工装，由生产技术部协助生产车间进行修理，生产车间不能修理的夹具，由供应部负责送回工装制造厂家进行修理。

② 修理后的工装必须按照"夹具入库验收"的程序重新进行检定，检定合格后，夹具管理员根据"工装检定报告"，在"工装档案"的"周期检定"栏及"处理意见"栏内，填写检定记录和处理意见，并在备注栏内填写"修理后检定"。

六、怎么进行工夹具的周期检定

夹具周期检定规程如下。

① 每年年底前，夹具管理员根据台账、检定周期及夹具的上次检定时间，编制次年的"夹具年检计划"，夹具年检计划必须完全包括在用的夹具。

② 每月 30 日前，夹具管理员根据夹具年检计划，清理出下月需要检定的夹具，编制夹具月检计划（夹具月检计划编制原则是：在库工装先检定，急用工装先检定），夹具月检计划必须交车间主任进行审批；经审批后的夹具月检计划交品质部。

③ 夹具管理员根据夹具月检计划，对在库工装清理送检，对于正在使用的夹具，由夹具管理员通知车间主任安排送检；品质部根据夹具月检计划逐一清点送检工装数量（在已检定的工装旁画勾），如当月有工装未送检，则立即通知夹具管理员，由夹具管理员负责督促送检。

④ 品质部应按月检计划要求的顺序进行夹具的检定，除非有特殊情况，否则当月送检的夹具应在当月完成。

⑤ 品质部以夹具装配图为验收标准，对检定后的夹具出具"工装检定报告"，并对尺寸的合格与否作出判定，签字确认后交品质部部长。

⑥ 如果所有尺寸均合格，则由品质部部长在"工装检定报告"中勾上合格选项，签字确认后交夹具管理员。

⑦ 如果有尺寸不合格，则必须经过生产技术部评审，根据不合格尺寸对产品质量的影响，生产技术部在"工装检定报告"上作出"可以继续使用""修理"或"报废"的处理意见，签字确认后交夹具管理员。

⑧ 夹具管理员在接收到"工装检定报告"后，将检定尺寸记录到"工装档案"中的"周期检定"栏中，并且将处理意见写到"处理意见"栏内。

⑨ 对处理意见为"合格"和"可以继续使用"的工装，由工具室入库或通知操作者领取。

七、怎样进行工夹具的报废处理

1. 工夹具报废的条件

① 夹具、测试工装因破损或耗损，已无法使用且不能修理时；

② 产品已停止生产，而夹具、测试工装又不能转作他用时；

③ 因设计变更，原有夹具、工装已不适用，且又不能转作他用时；

④ 因生产工艺变更，原有工夹具、测试工装已不适用，又不能转作他用时；

⑤ 其他原因导致工夹具已无法使用必须报废时。

2. 工夹具报废的流程

① 使用单位提出"工夹具报废申请单",经生产部经理审核;

② 生产部设备组人员对申请报废的工夹具、测试工装进行确认属实并记录;

③ 由生产部设备组处理已经报废的工夹具,回收可利用的零部件或材料。

第五章

做好电气作业安全管理

　　电气作业安全管理也是班组长现场管理的重要内容。

　　本章主要介绍电气作业安全管理基础知识、电气操作安全规程、电气事故与火灾的紧急处置，对班组长的现场安全管理具有实际指导意义。

电气作业安全管理基础知识

一、电气作业安全管理有哪些内容

电气作业安全管理措施的内容很多，主要可以归纳为以下几个方面的工作。

1. 管理机构和人员

电工既是特殊工种，又是危险工种，存在较多不安全因素。同时，随着生产的发展，企业电气化程度不断提高，用电量迅速增加，专业电工日益增多，分散在全厂各部门。所以，电气安全管理工作是电气作业里非常重要的一环。为了做好电气安全管理工作，不仅技术部门应当有专人负责电气安全工作，就连动力部门和电力部门也应该要有专人负责用电安全工作。

2. 规章制度

规章制度是人们从长期生产实践中总结得出的操作规程，是保障安全、促进生产的有效手段。安全操作规程、电气安装规程、运行管理、维修制度以及其他规章制度都与安全有直接的关系。

3. 电气安全检查

电气设备长期带缺陷运行和电气工作人员违章操作，是发生电气事故的重要原因。为了及时发现缺陷和排除隐患，电气工作人员除了遵守安全操作规程，还必须建立一套科学的、完善的电气安全检查制度并严格执行。

4. 电气安全教育

电气安全教育是为了使工作人员了解关于电的基本知识，认识安全用电的重要性，同时掌握安全用电的基本方法，从而能安全地、有效地进行工作。

① 对于新入厂的员工，必须接受厂、车间、生产小组等三级安全教育的培训。

② 对于一般职工要求懂得电和安全用电的基本常识。

③ 对于使用电气设备的一般生产工人，不仅要懂得一般电气安全知识，还要

懂得相关的安全规程。

④ 对于独立工作的电气工作人员，除了要懂得电气装置在安装、使用、维护、检修过程中的安全要求，还要熟知电气安全操作规程，学会电气灭火的方法，掌握触电急救的技能，通过该方面的考试，取得合格证明。

⑤ 对于新参加电气工作人员、实习人员和临时参加劳动人员，必须经过安全知识教育后，方可到现场随同参加指定的工作，但不得单独工作。

5. 安全资料

安全资料是做好安全工作的重要依据。平时应多收集和保存相关的技术资料，以备不时之需。

① 建立高压系统图、低压布线图、全厂架空线路和电缆线路布置图等其他图形资料，有助于人们日常工作和检查。

② 重要设备应单独建立资料，每次检修和试验记录应作为资料保存，以便核对。

③ 设备事故和人身事故需一同记录在案，警示他人。

④ 注意收集国内外电气安全信息，分类归档，推广宣传。

二、电气安全作业有哪些工作制度

在电气设备上工作，保证安全的制度措施有以下几个方面。

1. 工作票制度

（1）工作票的方式

在电气设备上工作，应填用工作票或按命令执行，其方式有下列三种。

① 第一种工作票工作内容为：

a. 高压设备上工作需要全部或部分停电；

b. 高压室内的二次接线和照明等回路上的工作，需要将高压设备停电或采取安全措施。

第一种工作票的格式如表 5-1 所示。

② 第二种工作票工作内容为：

a. 在带电作业和带电设备外壳上的工作；

b. 在控制盘和低压配电盘、配电箱、电源干线上的工作；

c. 在二次接线回路上的工作；

d. 在高压设备停电的工作；

e. 在转动中的发电机，同期调相机励磁回路或高压电动机转子电阻回路的工作；

f. 值班人员用绝缘棒、电压互感器定相或用钳形电流表测量高压回路电流的工作。

表 5-1 第一种工作票

1. 负责人（监护人）：＿＿＿＿＿＿＿＿＿＿ 班组：＿＿＿＿＿＿＿＿＿＿
2. 工作人数：共＿＿＿＿＿人
3. 工作内容和工作地点：＿＿＿＿＿＿＿＿＿＿＿＿＿＿＿＿＿＿
4. 计划工作时间：自＿＿年＿月＿日＿时＿分至＿＿年＿月＿日＿时＿分
5. 安全措施：＿＿＿＿＿＿＿＿＿＿＿＿＿＿＿＿＿＿＿＿＿＿
6. 许可开始工作时间：＿＿年＿月＿日＿时＿分
工作负责人签名：＿＿＿＿＿＿＿ 工作许可人签名：＿＿＿＿＿＿
7. 工作负责人变动：
原工作负责人：＿＿＿＿＿＿＿＿ 现工作负责人：＿＿＿＿＿＿
变动时间：＿＿年＿月＿日＿时＿分
工作票签发人签名：＿＿＿＿＿＿＿
8. 工作票有效期延长至：＿＿年＿月＿日＿时＿分
工作负责人签名：＿＿＿＿＿＿＿
值班长（值班负责人）签名：＿＿＿＿＿＿＿＿
9. 工作结束：
工作班人员已全部撤离，现场已清理完毕。
其结束时间：＿＿年＿月＿日＿时＿分
接地线共＿＿组已拆除。
工作负责人签名：＿＿＿＿＿＿＿＿＿ 工作许可人签名：＿＿＿＿＿＿＿
值班负责人签名：＿＿＿＿＿＿＿＿
10. 备注：＿＿＿＿＿＿＿＿＿＿＿＿＿＿＿＿

第二种工作票的格式如表 5-2 所示。

表 5-2 第二种工作票

编号：＿＿＿＿＿＿＿＿＿＿＿
1. 工作负责人（监护人）：
班组：＿＿＿＿＿＿＿
工作人员：＿＿＿＿＿＿＿＿
2. 工作任务：＿＿＿＿＿＿＿＿
3. 计划工作时间：自＿＿年＿＿月＿＿日＿＿时＿＿分至＿＿年＿＿月＿＿日＿＿时＿＿分
4. 工作条件（停电或不停电）：＿＿＿＿＿＿＿＿＿＿
5. 注意事项（安全措施）：＿＿＿＿＿＿＿＿＿＿＿
工作票签发人签名：＿＿＿＿＿＿＿＿＿
6. 许可开始工作时间：＿＿年＿＿月＿＿日＿＿时＿＿分
工作许可人（值班员）签名：＿＿＿＿＿＿＿＿
工作负责人签名：＿＿＿＿＿＿＿＿
7. 工作结束时间：＿＿年＿＿月＿＿日＿＿时＿＿分
工作许可人（值班员）签名：＿＿＿＿＿＿＿＿
工作负责人签名：＿＿＿＿＿＿＿＿＿
8. 备注：＿＿＿＿＿＿＿＿＿＿＿＿＿＿

③ 口头或电话命令。口头或电话命令用于第一和第二种工作票以外的其他工作。口头或电话命令，必须清楚正确。值班员应将发令人、负责人及工作任务详细记入操作记录簿中，并向发令人复读核对一遍。

（2）工作票的填发要求

① 工作票一式两份，一份必须保存在工作地点，由工作负责人收执；另一份由值班员收执，按值移交。若在无人值班的设备上工作时，第二份工作票由工作许可人收执。

② 每项工作只能发一张工作票。

③ 工作票上所列的工作地点，以一个电气连接部分为限。如施工设备属于同一电压、位于同一楼层、同时停送电，且不会触及带电导体时，可允许几个电气连接部分共用一张工作票。

④ 在几个电气连接部分上，依次进行不停电的同一类型的工作，可以发给一张第二种工作票。

⑤ 若一个电气连接部分或一个配电装置全部停电，则所有不同地点的工作可以发给一张工作票，但要详细填明主要工作内容。

⑥ 几个班同时进行工作时，工作票可发给一个总的负责人。若在预定时间内仍未完成部分工作，则必须在不妨碍送电者的情况下继续工作。在送电前，应按照送电后现场设备带电情况，办理新的工作票，待布置好安全措施后，方可继续工作。

⑦ 第一、二种工作票的有效时间以批准的检修期为限。第一种工作票在预定时间内尚未完成工作的，应由工作负责人办理延期手续。

2. 工作许可制度

（1）工作票签发人

工作票签发人应由车间或工区熟悉人员技术水平、设备情况和安全工作规程的生产领导人或技术人员担任。

工作票签发人的职责范围如下：

① 确认工作的必要性；

② 确认工作是否安全；

③ 确认工作票上所填安全措施是否正确完备；

④ 确认所派工作负责人和工作值班人员是否适当和足够，精神状态是否良好等。

（2）工作负责人

工作负责人由车间或工区主管生产的领导书面批准。工作负责人可以填写工作票。

（3）工作许可人

工作许可人不得签发工作票。

工作许可人的职责范围如下：

① 审查工作票所列安全措施是否正确完备，是否符合现场条件；

② 确认工作现场布置的安全措施是否完善；

③ 检查停电设备有无突然来电的危险；

④ 对工作票所列内容的任何疑问，都必须向工作票签发人询问清楚，必要时应要求做详细补充。

工作许可人在完成施工现场的安全措施后，还应会同工作负责人到现场检查所做的安全措施，证明检修设备确无电压，向工作负责人指明带电设备的位置和注意事项，并同工作负责人分别在工作票上签名。完成上述手续后，工作人员方能开始工作。

3. 工作监护制度

工作监护制度包含以下六项内容。

① 完成工作许可手续后，工作负责人应向工作人员交代现场安全措施，带电部位和其他注意事项。

② 工作负责人必须始终在工作现场，对工作人员的安全作业认真监护，及时纠正违反安全规程的操作。

③ 全部停电时，工作负责人可以参加工作班工作。

④ 部分停电时，工作人员只能在安全措施可靠、不致误碰带电部分的情况下，集中在同一地点工作。

⑤ 工作期间，工作负责人如果必须离开工作地点，应指定相关人员临时代替其监护职责，离开前应将工作现场交代清楚，并告知同班人员。原工作负责人返回工作地点时，也应履行同样的交接手续。如果工作负责人需要长时间离开现场，应在原工作票签发人变更新工作负责人，两个工作负责人应做好必要的交接。

⑥ 值班员如发现工作人员违反安全规程或任何危及工作人员安全的情况时，应向工作负责人提出改正意见，必要时可暂停工作，并立即报告上级。

4. 工作间断、转移和终结制度

① 工作间断时，工作人员应从工作现场撤出，所有安全措施保持不动，工作票仍由工作负责人执存。每日收工时，必须将工作票交回值班员。次日复工时，应征得值班员许可，取回工作票。工作负责人必须先重新检查安全措施，确定符合工作票的要求后，方可工作。

② 全部工作完毕后，工作人员应清理现场。工作负责人应先进行仔细检查，

待全体工作人员撤离工作地点后，再向值班人员说明所修项目、发现问题、试验结果和存在问题等，并与值班人员共同检查设备状况、有无遗留物件、是否清洁等，然后在工作票上填明工作终结时间。经双方签名后，工作票方可终结。

③ 只有在同一停电系统的所有工作票结束后，拆除所有接地线、临时遮栏和标志牌，恢复常设遮栏，并得到值班调度员或值班负责人的许可命令后，方可合闸送电。

三、如何使用电气安全标志

1. 安全色

安全色是指表达安全信息的颜色，表示禁止、警告、指令、提示等。国家规定的安全色有红、蓝、黄、绿四种颜色。红色表示禁止、停止；蓝色表示指令、必须遵守的规定；黄色表示警告、注意；绿色表示指示、安全状态、通行。

在电气上用黄、绿、红三色分别代表 L1、L2、L3 三个相序。红色的电器外壳是表示其外壳有电；灰色的电器外壳是表示其外壳接地或接零；线路上蓝色代表工作零线；黑色代表明敷接地扁钢或圆钢；黄绿双色绝缘导线代表保护零线。直流电中红色代表正极；蓝色代表负极；白色代表信号和警告回路。

2. 安全标志

安全标志是提醒人员注意或按标志上注明的要求去执行，保障人身和设施安全的重要记号。安全标志一般设置在光线充足、醒目、稍高于视线的地方。

① 对于隐蔽工程（如埋地电缆等），在地面上要有标志桩或依靠永久性建筑挂标志牌，注明工程位置。

② 对于容易被人忽视的电气部位（如封闭的架线槽、设备上的电气盒等），要用红漆画上电气箭头。

③ 在电气工作中还常用标志牌，以提醒工作人员不得接近带电部分，不得随意改变刀闸的位置等。

④ 移动使用的标志牌要用硬质绝缘材料制成，上面要有明显标志，均根据规定使用。其有关资料如表5-3所示。

表5-3　标志牌的资料

名称	悬挂位置	尺寸/（mm×mm）	底色	字色
禁止合闸，线路有人工作	一经合闸即可送电到施工设备的开关和刀闸操作手柄上	200×100 80×50	白底	红字

名称	悬挂位置	尺寸/（mm×mm）	底色	字色
在此工作	室内和室外工作地点或施工设备上	250×250	绿底，中间有直径210mm的白圆圈	黑字，位于白圆圈中
止步，高压危险	工作地点临近带电设备的遮栏上；室外工作地点附近带电设备的构架横梁上；禁止通行的过道上；高压试验地点	250×200	白底红边	黑色字，有红箭头
从此上下	工作人员上下的铁架梯子上	250×250	绿底中间有直径210mm的白圆圈	黑字，位于白圆圈中
禁止攀登，高压危险	工作临近可能上下的铁架上	250×200	白底红边	黑字
已接地	看不到接地线的工作设备上	200×100	绿底	黑字

四、生产用电有哪些基本常识

在企业生产中，每个人都应自觉遵守有关安全用电方面的规章制度，学会基本安全用电常识，其内容主要如下。

① 拆开的、断裂的、裸露的带电接头，必须及时用绝缘物包好，并放在人们不易碰到的地方。

② 在工作中要尽量避免带电操作，尤其是手打湿的时候，若必须进行带电操作，则应尽量用一只手工作，另一只手可放在袋中或背后，同时最好有人监护。

③ 当有几个人进行电工作业时，应在接通电源前通知其他人。

④ 由于绝缘体的性能有时不太稳定，因此不要依赖绝缘体来防范触电。

⑤ 如果发现高压线断落时，千万不要靠近，至少要远离它8～10m，并及时报告有关部门。

⑥ 如发现电气故障和漏电起火时，要立即切断电源开关。在未切断电源之前，不要用水或酸、碱泡沫灭火器灭火。

⑦ 发现有人触电时，应马上切断电源或用干木棍等绝缘物挑开触电者身上的电线，使触电者及时离开电源。如触电者呼吸停止，应立即施行人工呼吸，并马上送医院抢救。

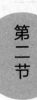

第二节 / **电气操作安全规程**

一、安全用电需要注意的常规措施

1. 火线必须进开关

火线进开关后，当开关处于分断状态时，用电器不带电，这样不但方便维修，还可减少触电机会。

2. 照明电压的合理选择

一般工厂和家庭的照明灯具多数采用悬挂式，人体接触的机会较少，可选用220V的电压供电。在潮湿、有导电灰尘、有腐蚀性气体的情况下，则采用24V、12V，甚至是6V的电压来供照明电。

3. 导线和熔断器的合理使用

导线通过电流时不允许过热，所以导线的额定电流比实际电流输出稍大。

熔断器是当电路发生短路时能迅速熔断起保护作用的，所以不能选额定电流很大的熔断丝来保护小电流电路。

4. 电气设备要有一定的绝缘电阻

通常要求固定电气设备的绝缘电阻不低于500kW。可移动电气设备的电阻值应更高些。一般在使用电气设备的过程中必须保护好绝缘层，以防止绝缘层老化变质。

5. 电气设备的安装要正确

电气设备应根据说明书进行安装，不可马虎从事，带电部分应有防护罩，必要时应用连锁装置以防触电。

6. 采用各种保护用具

保护用具是保证工作人员安全操作的工具，主要有绝缘手套、绝缘鞋、绝缘棒、绝缘垫等。

7.电气设备的保护接地和保护接零

正常情况下，电气设备的外壳是不带电的。为防止绝缘层破损老化漏电，电气设备应采用保护接地和保护接零等措施。

二、电气安全用具如何管理

1.电气安全用具类别

① 起绝缘作用的安全用具，如绝缘夹钳、绝缘杆、绝缘手套、绝缘靴和绝缘垫等。

② 起验电或测量用的携带式电压和电流指示器的安全用具，如验电笔、钳型电流表等。

③ 防止坠落的登高作业的安全用具，如梯子、安全带、登高板等。

④ 保证检修的安全用具，如临时接地线、遮栏、指示牌等。

⑤ 其他安全用具，如防止灼伤的护目眼镜等。

2.电气安全用具保管制度

① 存放用具的地方要干净、通风良好、无任何杂物堆放。

② 凡是橡胶制品类，不可与油类接触，并小心损伤。

③ 绝缘手套、靴、夹钳等，应存放在柜内，使用中应防止受潮、受污等。

④ 绝缘棒应垂直存放，验电器用过后应存放于盒内，并置于干燥处。

⑤ 无论任何情况，电气安全用具均不可作为他用。

三、绝缘工具如何正确使用

绝缘是指利用不导电的物质将带电体隔离或包装起来，防止人体触电。绝缘通常分为气体绝缘、液体绝缘和固体绝缘。

1.绝缘工具的检查

绝缘工具在使用前应详细检查是否有损坏，并用清洁干燥毛巾擦净。如不确定时，应用 2500V 摇表进行测定。其有效长度的绝缘值不低于 10000MW，分段测定（电极宽 2cm）则绝缘电阻值不得小于 700MW。

2.使用绝缘操作棒的注意事项

① 使用绝缘操作棒时，工作人员应戴绝缘手套和穿绝缘靴，以加强绝缘操作棒的保护作用。

② 在下雨、下雪或潮湿天气时，室外使用绝缘棒应装设防雨的伞形罩，以使伞下部分的绝缘棒保持干燥。

③ 使用绝缘棒时要防止碰撞，以免损坏表面的绝缘层。

④ 绝缘棒应存放在干燥的地方，以免受潮。绝缘棒一般应放在特别的架子上或垂直悬挂在专用挂架上，以免变形弯曲。

3. 使用绝缘手套和绝缘靴的注意事项

使用绝缘手套和绝缘靴时，应注意以下三个问题。

① 绝缘手套和绝缘靴每次使用前应进行外部检查，要求表面无损伤、磨损、划伤、破漏等，砂眼漏气时严禁使用。绝缘靴的使用期限是大底磨光为止，即当大底漏出黄色胶时，就不能再使用。

② 绝缘手套和绝缘靴使用后应擦净、晾干。绝缘手套还应撒上些许滑石粉，避免黏结，保持干燥。

③ 绝缘手套和绝缘靴不得与石油类的油脂接触。合格的不能与不合格的混放在一起，以免错拿使用。

四、常用电气设备有何安全操作事项

1. 手持电动工具的日常检查

手持电动工具日常检查，有以下几个内容：

① 检查外壳、手柄有否裂缝和破损；

② 检查保护接地或接零线是否正确、牢固可靠；

③ 检查软电缆或软线是否完好无损；

④ 检查开关动作是否正常、灵活，有无缺陷、破损；

⑤ 检查电气保护装置是否安装良好；

⑥ 检查工具转动部分是否转动灵活且无障碍。

2. 使用三相短路接地线的注意事项

使用三相短路接地线时，应注意以下问题：

① 接地线的连接器接触必须安装良好方可使用，并保持足够的夹持力，防止短路电流幅值较大时，由于接触不良而熔断或因动力作用而脱落；

② 应检查接地铜线和短路铜线的连接是否牢固，一般应用螺钉紧固后，再加焊锡，以防熔断；

③ 接地线的装设和拆除应进行登记，并在模拟盘上标记。

3. 使用高压验电器的注意事项

使用高压验电器时，应注意五个问题：

① 必须使用和被验设备电压等级相一致的合格验电器；

② 验电前应先在有电的设备上进行试验，以验证验电器是否良好工作；

③ 验电时必须戴绝缘手套，手必须握在绝缘棒护环以下的部位，不准超过护环；

④ 对于发光型高压验电器，验电时一般不装设接地线，除非在木梯、木杆上验电，不接地不能指示时，才可装接地线；

⑤ 每次使用完验电器后，应将验电器擦拭干净放置在盒内，并存放在干燥通风处，避免受潮。为保安全，验电器应按规定周期进行试验。

4. 在低压配电柜内带电工作的注意事项

低压带电工作的安全要求如下：

① 工作中应有专人监护，使用的工具必须带绝缘柄，严禁使用锉刀、金属尺和带有金属物的毛刷、毛弹等工具；

② 工作时应站在干燥的绝缘物上进行，并戴手套、安全帽和穿长袖衣，低压接户线工作时，应随身携带低压试电笔；

③ 工作前应分清火线、地线、路灯线，选好工作位置，断开导线时，应先断火线，后断地线；搭设导线时的顺序与上述相反，人体不得同时接触两根线头；

④ 在低压配电柜内带电工作时，应当采取防止短路和单相接地的隔离措施。

5. 停电操作程序

停电操作通常容易发生带负荷拉隔离开关和带电挂接地线，为防止事故的发生，应采取以下措施：

① 检查有关表计指示是否允许拉闸，断开断路器；

② 拉开负荷侧隔离开关和电源侧隔离开关；

③ 切断断路器的操作能源；

④ 拉开断路器控制回路的保险器；

⑤ 停电操作和验电挂接地线必须两人进行，一人操作，另一人监护。

6. 送电操作程序

送电操作通常容易带地线合闸事故，为了防止其发生，应采取以下措施：

① 检查设备上装设的各种临时安全措施，接地线是否已完全拆除；

② 检查有关的继电保护和自动装置是否已按规定投入；

③ 检查断路器是否在断开位置；

④ 合上操作电源与断路器控制直流保险；

⑤ 合上电源侧隔离开关、断路器开关和负荷侧隔离开关；

⑥ 检查送电后的负荷电压应正常。

7. 使用隔离开关的注意事项

隔离开关操作应注意以下问题：

① 操作之前，应先检查短路器是否已经断开；

② 操作时应站好位置，动作要果断，拉、合开关后必须检查是否在适当位置；

③ 合闸时，在合闸终了的一段行程中，不要用力过猛，以免发生冲击而损伤瓷件；

④ 严禁带负荷拉、合隔离开关；

⑤ 停电时，应先拉负荷侧隔离开关，后拉电源侧隔离开关；送电时，应先合电源侧隔离开关，后合负荷侧隔离开关。

8. 使用万用表注意事项

万用表的选择开关与量程开关多，用途广泛，所以在具体测量不同的对象时，除了要将开关指示箭头对准要测取的挡位外，还要注意以下几点。

① 万用表使用时一定要放平、放稳。

② 使用前调整零点。如果指针不指零应转动调零旋钮，使指针调至"0"位。

③ 使用前选好量程，拨对转换开关的位置，每次测量都一定要根据测量的类别，将转换开关拨到正确的位置上。养成良好的使用习惯，决不允许拿测棒盲目测试。

④ 测量电压或电流，如对被测的数量无法准确估计时，应选用最大量程测试，如发现太小，再逐步转换到合适量程进行实测。

⑤ 测量电阻时，先将转换开关转到电阻挡位上（Ω），把两根表棒短接一起，再旋转调零旋钮使指针指至"0"位。

⑥ 测量直流电压或电流时，要注意测棒红色为"＋"，黑色为"－"。一方面，插入表孔要严格按红、黑插入表孔的"＋""－"；另一方面，接入被测电路的正、负极要正确。如果发现指针顺转，说明接入是正确的，反之，则应将两表棒极性调换。

⑦ 在测量 500 ～ 2500V 电压时，特别注意量程开关要转换到 2500V，先将接地棒接上负极，后将另一测棒接在高压测点，要严格检查测棒、手指是否干燥，采取绝缘措施，以保安全。

⑧ 测量读数时，要看准所选量程的标度线，特别是测量 10V 以下小量程电压挡，读取刻度读数要仔细。

⑨ 不要带电拨动转换开关，尽量训练一只手操作测量，另一只手不要触摸被测物。

⑩ 每次测量完毕，应将转换开关转拨到交流电压最大量程位置，避免将转换开关拨停在电流或电阻挡，以防下次测电压时忘记改变转换开关而将表烧毁。

五、如何进行电气安全检查

1. 电气安全检查制度

电气安全检查制度的内容如下：

① 定期组织安全检查；

② 检查操作规程是否属违章现象、有无保护接地或保护接零；

③ 检查配电盘上的仪表是否齐全和指示正确；

④ 检查设备及线路的绝缘性能，室内外线路是否符合安全要求；

⑤ 检查电气用具、灭火器材等是否齐全，且保管妥当。

2. 接地装置的维护与检查

接地装置每年应进行 1~2 次的全面性维护检查，内容如下：

① 接地线有否折断、损伤或严重腐蚀；

② 接地支线与接地干线的连接是否牢固；

③ 接地点土壤是否因受外力影响而松动；

④ 所有的连接处连接是否装好；

⑤ 检查引下线（0.5m）的腐蚀程度，若严重应立即换；

⑥ 做好接地装置的变更、检修、测量的记录。

3. 变压器的现场检查

电力变压器应定期进行外部检查。经常有人值班的，每天至少检查一次，每星期进行一次夜间检查；有固定值班人员的至少每两个月检查一次。在有特殊情况或气温急剧变化时，要增加检查次数或即时检查。

变压器的检查应包括以下内容。

① 上层油温是否正常，是否超过 85℃；对照负载情况，是否有因变压器内部故障而引起过热。

② 储油柜上的油位是否正常，一般应在油位表指示的 1/4～3/4 处。油面过低，散热不良，将导致变压器过热；油面过高，温度升高，油将膨胀而溢出箱外；同

时，还要检查有无渗油或漏油现象，充油式套管的油位是否正常、油色是否有变质现象、套管有无损坏漏油现象等。

③ 变压器有无异常响声或响声较以前更大。

④ 出线套管、瓷瓶的表面是否清洁，有无破损裂纹及放电的痕迹。

⑤ 母线的螺栓接头有无过热现象。

⑥ 防爆管上的防爆膜是否完好，有无冒油现象。

⑦ 冷却系统的运转情况是否正常，散热管的温度是否均匀。

⑧ 呼吸器的干燥剂有无失效、箱壳有无渗油或漏油现象、外壳接地是否良好。

⑨ 变压器室内的通风情况是否良好、室内设备是否完整良好、保护设备是否良好。

⑩ 变压器常见的故障有：异常响声、油面不正常、油温过高、防爆管薄膜破裂、气体继电器动作、变压器着火等。

4. 继电器的一般性检查

继电器的一般性检查有以下内容。

① 继电器外壳用毛利或干布擦干净，检查玻璃盖罩是否完整良好。

② 检查继电器外壳与底座结合得是否牢固严密，外部接线端钮是否齐全，原铅封是否完好。打开外壳后，内部如果有灰尘，可用皮老虎吹净，再用干布擦干。

③ 检查所有接点与支撑螺钉、螺母有否松动现象，螺母不紧最容易造成继电器误动作。

④ 检查继电器各元件的状态是否正常，元件的位置必须正确。有螺旋弹簧的，平面应与其轴心严格垂直。各层弹簧之间不应有接触处，否则由于摩擦加大，可能使继电器动作曲线和特性曲线相差很大。

5. 电压互感器的巡视检查

电压互感器的巡视检查有以下内容。

① 一次侧引线和二次回路的连接部分是否过热，熔断器是否完好。

② 外壳及二次回路一点接地是否良好。

③ 有无强烈的振动和异常声音及异味。

④ 互感器是否过载运行。

6. 电流互感器在运行中的巡视检查

电流互感器在运行中的巡视检查有以下内容。

① 有无放电、过热现象和异常声音或气味。

② 一次侧引线、线卡及二次回路上各部件应接触良好。

③ 外壳接地及二次回路的一点接地要良好。

④ 定期对互感器进行耐压试验。

7. 断路器运行中的巡视检查

断路器运行中的巡视检查有以下内容。

① 检查所带的正常最大负荷电流是否超过短路器的额定值。

② 检查触头系统和导线连接点处有无过热现象，对有热元件保护装置的更要特别注意。

③ 检查电流分合闸状态、辅助触头与信号指示是否符合要求。

④ 监听断路器在运行中有无异常响声。

⑤ 检查传动机构有无变形、锈蚀、销钉松脱现象，弹簧是否完好。

⑥ 检查相间绝缘，主轴连杆有无裂痕，表面剥落和放电现象。

⑦ 检查脱扣器工作状态，整定值指示位置与被保护负荷是否相符，有无变动，电磁铁表面及间隙是否正常、清洁，短路环有无损伤，弹簧有无腐蚀，脱扣线圈有无过热现象和异常响声。

⑧ 检查灭弧室的工作位置有无因振动而移动，有无破裂和松动情况，外观是否完整，有无喷弧痕迹和受潮现象，是否有因触头接触不良而发出放电响声。

⑨ 当灭弧室损坏时，无论是多相还是一相，都必须停止使用，以免在断开时造成飞弧现象，引起相间短路而扩大事故范围。

⑩ 当发生长时间的负荷变动时，应相应调节过电流脱扣器的整定值，必要时可更换开关和附件。

⑪ 检查绝缘外壳和操作手柄有无裂损现象。

⑫ 检查电磁铁机构及电动机合闸机构的润滑情况，机件有无裂损现象。

⑬ 在运行中发现过热现象，应立即设法减少负荷，停止运行并做好安全措施。

8. 交流接触器的巡视检查

交流接触器的巡视检查有以下内容。

① 通过接触器的负荷电流应在额定电流值之内，可观察电流表或用钳形电流表测量。

② 接触器的分、合信号指示与电路所处状态是否一致。

③ 灭弧室内有无接触不良，且产生放电声，灭弧室有无松动和裂损。

④ 电磁线圈有无过热现象，电磁铁上的短路环有无断裂和松脱。

⑤ 与导线连接点有无过热现象，辅助触头是否有烧蚀现象。

⑥ 铁芯吸合是否良好，有无过大的噪声，返回位置是否正常，绝缘杆有无损

伤和断裂。

⑦周围环境有无不利于正常运行的情况，例如，有无导电粉尘，过大振动神通风是否良好。

 第三节 / 电气事故与火灾的紧急处置

一、触电事故如何紧急处置

因人体接触或接近带电体，所引起的局部受伤或死亡的现象称为触电。

1. 触电事故的类型

触电事故的类型如表5-4所示。

表5-4　触电事故的类型

分类依据		类　型
按人体受害的程度不同	电伤	指人体的外部受伤，如电弧烧伤，与带电体接触后的皮肤红肿以及在大电流下的熔化而飞溅出的金属粉末对皮肤的烧伤等
	电击	指人体内部器官受伤。电击是由电流流过人体而引起的，人体常因电击而死亡，所以它是最危险的触电事故
引起触电事故的类型	单相触电	单相触电是指人体在地面或其他接地导体上，人体某一部分触及一相带电体的触电事故
	两相触电	指人体两处同时触及两相带电体的触电事故
	跨步电压触电	当带电体接地有电流流入地下时，电流在接点周围土壤中产生电压降，人在接地点周围，两脚之间出现电压即跨步电压，因此引起的触电事故叫跨步电压触电

2. 常见的电气设备触电事故

电气设备的种类很多，发生触电事故的情况是各种各样的，这里只把常见的、多发性的电气设备触电事故进行归纳，如表5-5所示。

表 5-5 常见的电气设备触电事故

序号		触电情形
1	配电事故	这类触电事故主要发生在高压设备上,事故的发生大都是在进行工作时,由于没有办理工作票、操作票和实行监护制度,没有切断电源就扫清绝缘子、检查隔离开关、检查油开关或拆除电气设备等而引起的
2	架空线路	架空电路发生的事故较多,情况也各不相同。例如,导线折断触到人体,人体意外接触到绝缘已损坏的导线,上杆工作没有用腰带和脚扣,发生高空摔下
3	电缆	由于电缆绝缘受损或击穿,带电拆装移动电缆,电缆头发生击穿等原因而引起的触电事故
4	闸刀开关	这类触电事故主要由于敞露的闸刀开关、电器启动器没有护壳,带电维修这类设备时设备外壳没有接地等引起的
5	配电盘	这类事故主要是电气设备制造和结构上有缺点,屏前屏后的带电部分容易触碰等问题引起的
6	熔断器	这类事故主要是带电裸手更换熔体、修理熔断器等引起的
7	照明设备	这类触电事故往往发生在更换灯泡、修理灯头时,金属灯座、灯罩、护网意外带电、吊灯安装高度不够等
8	携带式照明灯	我国规定采用 36V、24V、12V 作为行灯的安全电压。如果将 110V、220V 使用在行灯上,尤其是在锅炉、金属筒、横烟道、房屋钢结构,以及铸造工使用高于安全电压的行灯,容易发生触电事故
9	电钻	主要是电钻的外壳没有接地,插头座没有接地端头,导线中没有专用一股接地或接零导线;其次是接线错误,把接地或接零线误接在火线上等引起触电事故
10	电焊设备	这类事故是电焊变压器反接产生高压,或错接在高压电源上,电焊变压器外壳没有接地等原因造成
11	电炉	由于电阻炉进料时误接及热元件、电弧炉进线导电部分没有防护;电焊变压器外壳没有接地等原因造成
12	未接地或接触不良	电器设备的外壳(金属)由于绝缘损坏而意外呈现电压,引起触电事故

3. 常见的触电原因

① 违章冒险。如在严禁带电操作的情况下操作,或者在无保护措施下冒险带电操作,结果是触电受伤或死亡。

② 缺乏电气知识。如在防爆区使用一般的电气设备，当电气设备开关时产生火花，而发生爆炸。又如发现有人触电时，不是及时切断电源或用绝缘物使触电者脱离电器电源，而是用手去拉触电者等。

③ 输电线或用电设备的绝缘损坏。当人体无意触及因绝缘或带电金属时，就会触电。电压对人体的影响及可接近的最小距离见表5-6。

表5-6　电压对人体的影响及可接近的最小距离

接触时的情况		可接近的距离	
电压 /V	对人体的影响	电压 /kV	设备不停电时的安全距离 /m
10	全身在水中时跨步电压界限为10V/m	10 以下	0.7
20	湿手安全界限	20～35	1.0
30	干燥手安全界限	44	1.2
50	对人体生命没有危险的安全界限	60～110	1.5
100～200	危险性急剧增大	154	2.0
200 以上	对人体生命发生危险	220	3.0
3000	被带电体吸引	330	4.0
10000 以上	有被弹开脱离危险的可能	500	5.0

4. 触电的紧急救护

当进行触电急救时，要求动作迅速，使用正确救护方法，切不可惊慌失措、束手无策。

① 触电者急救。凡遇到有人触电，必须用最快的方法使触电者脱离电源，千万不能赤手空拳拉还未脱离电源的触电者，另外，在触电解救中，还应注意高处的触电者坠落受伤。

② 紧急救护。在触电者脱离电源后，应立即进行现场紧急救护工作，并及时报告医院，千万不能将触电者抬来抬去，应将他抬到空气流通、温度适宜的地方休息，更不可盲目地给假死者注强心针。

二、电气火灾如何紧急处置

引起电气设备发热及发生电气火灾的原因主要是短路、过载、接触不良，具体如表5-7所示。

表 5-7　电气火灾发生的原因

序号	引起火灾的原因	情　形
1	短路	（1）电气设备绝缘体老化变质，受机械损伤，高温、潮湿或腐蚀作用下，绝缘体遭受破坏 （2）由于雷电等过电压的作用，使绝缘体击穿 （3）安装或维修工作中，由接线或操作错误所致 （4）管理不善，有污物聚集或小动物钻入等
2	过载	（1）设计选用的线路、设备不合理，以致在额定负载下出现过热 （2）使用不合理，如超载运行，连接使用时间过长，超过线路的设计能力，造成过热 （3）设备故障造成的设备和线路过载，如三相电动机断相运行，三相变压器不对称运行，均可造成过热
3	接触不良	（1）不可拆卸的接头连接不牢，焊接不良或焊头处混有杂物 （2）可拆卸的接头不紧密，或由于振动而松动 （3）活动锄头，如刀开关的触点、接触器的触点、插入式短路器的触点、插销的触点，如果没有足够的接触压力或接触粗糙不平，都会导致过热 （4）对于铜铝接头，由于两者性质不同，接头处易受电解作用而腐蚀，从而导致过热

1. 电火警发生时的处理

发生电火警时，最重要的是必须首先切断电源后救火，并及时报警。

应选用二氧化碳灭火剂、1211 灭火剂或黄沙灭火，但应注意不要将二氧化碳喷射到人体的皮肤和脸上，以防冻伤和窒息。在没有确定电源已被切断时，决不允许用水或普通灭火器来灭火，因为万一电源没被切断，就会有触电的危险。

2. 电气灭火的注意事项

① 为了避免触电，人体与带电体之间应保持足够的安全距离。

② 对架空线路等设备灭火时，要防止导线断落伤人。

③ 电气设备发生接地时，室内扑救人员不得进入距故障点 4m 以内，室外扑救人员不得接近故障点 8m 以内距离。

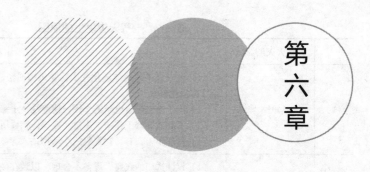

第六章

严格执行危险化学品安全管理规定

危险化学品安全管理、机械与工夹具安全管理、电气作业安全管理，是班组长现场安全管理的三大重要内容。

本章介绍了危险化学品基础知识，压缩气体与液化气、易燃易爆气体、易燃固体、遇湿燃烧品、有毒及腐蚀品的安全装卸搬运，以及其他有关危险化学品安全管理的实务性知识。

危险化学品基础知识

一、什么是危险化学品

危险化学品是指具有爆炸、易燃、毒害、腐蚀、放射性等危险性质，在运输、装卸、生产、使用、储存、保管过程中，在一定条件下能引起燃烧、爆炸，导致人身伤亡和财产损失等事故的化学物品。

1.危险化学品的特性

危险化学品一般都具有易燃、易爆、腐蚀毒害性，容易造成灾难性事故。

2.危险化学品的种类

危险化学品的种类，根据其危害特性可分为以下八大类，如表 6-1 所示。

表 6-1　危险化学品的种类

序号	种　类	举例说明
1	爆炸品	硝化甘油、TNT 等
2	压缩气体和液化气体	氢气、氨气、石油液化气等
3	易燃液体	苯、天那水（香蕉水）、异丙醇、胶水等
4	易燃固体、自燃物品和遇湿易燃物品	黄磷、镁粉、钠、钾、氢化铝等
5	氧化剂和有机过氧化物	氯酸钾、过氧化钠等
6	放射性物品	锂、铀等
7	毒害品	硝基苯、氰化物等
8	腐蚀品	硝酸、发烟硫酸等

3.危险化学品的毒害性

许多危险化学品不仅能引起接触者中毒，而且可能造成人体细胞突变、胎儿畸形和致癌等不良影响。危险化学品的毒害性一般与化学品的种类、性质、浓度大小和接触时间长短及人的身体素质密切相关。

4.进入人体途径

危险化学品的毒物一般通过呼吸道、皮肤、消化道三种途径进入人体而造成伤害。

二、化学品的安全说明书

化学品安全说明书（Material Safety Data Sheet，MSDS），国际上称为化学品安全信息卡，是化学品生产商和经销商按法律要求必须提供的化学品理化特性（如pH值、闪点、易燃度、反应活性等）、毒性、环境危害，以及对使用者健康（如致癌、致畸等）可能产生危害的一份综合性文件。它包括危险化学品的燃、爆性能，毒性和环境危害，以及安全使用、泄漏应急救护处置、主要理化参数、法律法规等方面信息的综合性文件。

一般国家规范编写的内容（目录）包括：

Section 1. Manufacture's Name and Contact Information

第一项：制造商和联系方法

Section 2. Hazardous Ingredients

第二项：危险化学品组分

Section 3. Physical/Chemical Characteristics

第三项：理化特性

Section 4. Fire and Explosion Hazard Data

第四项：燃烧与爆炸数据

Section 5. Reactivity Data

第五项：反应活性数据

Section 6. Health Hazard Data

第六项：健康危害数据

Section 7. Precautions for Safe Handling and Use

第七项：安全操作和使用方法

Section 8. Control Measure

第八项：防护方法

美国标准协会ANSI以及国际标准机构ISO建议实行的MSDS内容包括：

① 化学品及企业标识（chemical product and company identification）。主要标明化学品名称、生产企业名称、地址、邮编、电话、应急电话、传真和电子邮件地址等信息。

② 成分/组成信息（composition/information on ingredients）。标明该化学品是纯化学品还是混合物。纯化学品，应给出其化学品名称或商品名和通用名。混合物，应给出危害性组分的浓度或浓度范围。无论是纯化学品还是混合物，如果其中包含有害性组分，则应给出化学文摘索引登记号（CAS 号）。

③ 危险性概述（hazards summarizing）。简要概述本化学品最重要的危害和效应，主要包括：危害类别、侵入途径、健康危害、环境危害、燃爆危险等信息。

④ 急救措施（first-aid measures）。指作业人员意外受到伤害时，所需采取的现场自救或互救的简要处理方法，包括：眼睛接触、皮肤接触、吸入、食入的急救措施。

⑤ 消防措施（fire-fighting measures）。主要表示化学品的物理和化学特殊危险性，适合灭火介质，不合适的灭火介质，以及消防人员个体防护等方面的信息，包括：危险特性、灭火介质和方法，灭火注意事项等。

⑥ 泄漏应急处理（accidental release measures）。指化学品泄漏后现场可采用的简单有效的应急措施、注意事项和消除方法，包括：应急行动、应急人员防护、环保措施、消除方法等内容。

⑦ 操作处置与储存（handling and storage）。主要是指化学品操作处置和安全储存方面的信息资料，包括：操作处置作业中的安全注意事项、安全储存条件和注意事项。

⑧ 接触控制/个体防护（exposure controls/personal protection）。在生产、操作处置、搬运和使用化学品的作业过程中，为保护作业人员免受化学品危害而采取的防护方法和手段。包括：最高容许浓度、工程控制、呼吸系统防护、眼睛防护、身体防护、手防护、其他防护要求。

⑨ 理化特性（physical and chemical properties）。主要描述化学品的外观及理化性质等方面的信息，包括：外观与性状、pH 值、沸点、熔点、相对密度（水 =1）、相对蒸气密度（空气 =1）、饱和蒸汽压、燃烧热、临界温度、临界压力、辛醇/水分配系数、闪点、引燃温度、爆炸极限、溶解性、主要用途和其他一些特殊理化性质。

⑩ 稳定性和反应性（stability and reactivity）。主要叙述化学品的稳定性和反应活性方面的信息，包括：稳定性、禁配物、应避免接触的条件、聚合危害、分解产物。

⑪ 毒理学资料（toxicological information）。提供化学品的毒理学信息，包括：不同接触方式的急性毒性（LD50、LD50）、刺激性、致敏性、亚急性和慢性毒性、致突变性、致畸性、致癌性等。

⑫ 生态学资料（ecological information）。主要陈述化学品的环境生态效应、

行为和转归，包括：生物效应（如 LD50）、生物降解性、生物富集、环境迁移及其他有害的环境影响等。

⑬ 废弃处置（disposal）。是指对被化学品污染的包装和无使用价值的化学品的安全处理方法，包括废弃处置方法和注意事项。

⑭ 运输信息（transport information）。主要是指国内、国际化学品包装、运输的要求及运输规定的分类和编号，包括：危险货物编号、包装类别、包装标志、包装方法、UN 编号及运输注意事项等。

⑮ 法规信息（regulatory information）。主要是化学品管理方面的法律条款和标准。

⑯ 其他信息（other information）。主要提供其他对安全有重要意义的信息，包括：参考文献、填表时间、填表部门、数据审核单位等。

三、化学品的安全标签与标志

1. 化学品安全标签

化学品安全标签，用来警示接触化学品的人员该化学品具有危险性，引导其正确掌握该化学品的使用方法和安全处置方法。危险化学品标签样式如图 6-1。其主要内容如下：

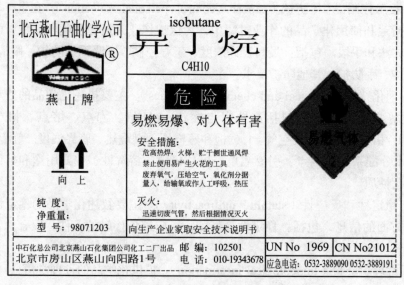

图 6-1　危险化学品标签样式

① 化学品名和其主要有害成分标志；

② 警示语；

③ 危险性描述；

④ 安全措施；

⑤ 灭火措施；

⑥ 生产批号；

⑦ 提示购买者或使用者向生产销售企业索取安全技术说明书；

⑧ 生产企业名称、地址、邮编、电话；

⑨ 应急咨询电话。

2. 危险货物包装标志

危险货物包装标志是用来标明危险化学品的。这类标志为了能引起人们的特别警惕，采用特殊的彩色或黑白菱形图示。危险货物包装标志，必须指出危险货物的类别及危险等级。

（1）爆炸品标志

① 爆炸品标志图形如图 6-2 所示。

② 图案颜色。符号为黑色；底色为橙红色。

③ 用途。用于货物外包装上。表示包装体内有爆炸品，受到高热、摩擦、冲击或其他物质接触后，即发生剧烈反应，产生大量的气体和热量而引起爆炸。例如炸药、雷管、导火线、三硝基甲苯（TNT）、过氧化氢等产品。

（2）易燃气体标志

① 图形如图 6-3 所示。

图 6-2 爆炸品标志　　　　　　　　　图 6-3 易燃气体标志

② 图案颜色。符号为黑色或白色；底色为正红色。

③ 用途。用于货物外包装上。表示包装体内为容易燃烧并因冲击、受热而产生气体膨胀，有引起爆炸和燃烧危险的气体。例如丁烷等。

（3）不燃气体标志

① 图形如图 6-4 所示。

② 图案颜色。符号为黑色或白色；底色为绿色。

③ 用途。用于货物外包装上。表示包装体内有爆炸危险的不燃压缩气体，易因冲击、受热而产生气体膨胀，引起爆炸。例如液氮等。

（4）有毒气体标志

① 图形如图 6-5 所示。

图 6-4　不燃气体标志

图 6-5　有毒气体标志

② 图案颜色。符号为黑色；底色为白色。

③ 用途。用于货物外包装上。表示包装体内为有毒气体，极易因冲击、受热而产生气体膨胀，而引起爆炸、造成中毒危险的气体。

（5）易燃液体标志

① 图形如图 6-6 所示。

② 图案颜色。符号为黑色或白色；底色为正红色。

③ 用途。用于货物外包装上。表示包装体内为易燃性液体，燃点较低，即使不与明火接触，也会因受热、冲击或接触氧化剂引起急剧的燃烧或爆炸。例如汽油、甲醇、煤油、香蕉水等产品。

（6）易燃固体标志

① 图形如图 6-7 所示。

② 图案颜色。符号为黑色或白色；底色为正红色。

③ 用途。用于货物外包装上。表示包装体内为易燃性固体、燃点较低，即使不与明火接触，也会因受热、冲击或摩擦，以及与氧化剂接触时，能引起急剧的燃烧或爆炸的物品。例如电影胶片、硫黄、赛璐珞、炭黑等产品。

图 6-6　易燃液体标志

图 6-7　易燃固体标志

（7）自燃物品标志

①图形如图 6-8 所示。

②图案颜色。符号为黑色；底色为上白下红。

③用途。用于货物外包装上。表示包装体内为自燃性物质，即使不与明火接触，在适当的温度下也能发生氧化作用，放出热量，因积热达到自燃点而引起燃烧。例如香蕉水、黄磷、白磷、磷化氢等产品。

（8）遇湿易燃物品标志

①图形如图 6-9 所示。

图 6-8　自燃物品标志

图 6-9　遇湿易燃物品标志

②图案颜色。符号为黑色或白色；底色为蓝色。

③用途。用于货物外包装上。表示包装体内物品遇水受潮能分解，产生可燃性有毒气体，放出热量，会引起燃烧或爆炸。例如电石、金属钠等产品。

（9）氧化剂标志

①图形如图 6-10 所示。

109

② 图案颜色。符号为黑色；底色为柠檬黄色。

③ 用途。用于货物外包装上。表示包装体内为氧化剂，例如氯酸钾、硝酸钾、硝酸铵、亚硝酸钠、铬酸酐、过锰酸钾等产品，具有强烈的氧化性能，当遇酸、潮湿、高热、摩擦、冲击或与易燃有机物和还原剂接触时即能分解，引起燃烧或爆炸。

（10）有机过氧化物标志

① 图形如图 6-11 所示。

图 6-10　氧化剂标志

图 6-11　有机过氧化物标志

② 图案颜色。符号为黑色；底色为柠檬色。

③ 用途。用于货物外包装上。表示包装体内为有机过氧化物，本身易燃、易爆、极易分解，对热、振动、摩擦极为敏感。

（11）有毒品标志

① 图形如图 6-12 所示。

② 图案颜色。符号为黑色；底色为白色。

③ 用途。用于货物外包装上。表示包装体内为有毒物品，具有较强毒性，少量接触皮肤或侵入人体内，能引起局部刺激、中毒，甚至造成死亡的货物。例如氟化物、钡盐、铅盐等产品。

（12）剧毒品标志

① 图形如图 6-13 所示。

② 图案颜色。符号为黑色；底色为白色。

③ 用途。用于货物外包装上。表示包装内为剧毒物品，例如氰化物、砷酸盐等，具有强烈毒性，极少量接触皮肤或侵入人体、牲畜体内，即能引起中毒造成死亡。

（13）有害品（远离食品）标志

① 图形如图 6-14 所示。

②图案颜色。符号为黑色；底色为白色。

③用途。用于货物外包装上。表示包装体内为有害物品，不能与食品接近。这种物品和食品的垂直、水平间隔距离至少应为3m。

图 6-12　有毒品标志

图 6-13　剧毒品标志

（14）感染性物品标志

①图形如图 6-15 所示。

图 6-14　有害品（远离食品）标志

图 6-15　感染性物品标志

②图案颜色。符号为黑色；底色为白色。

③用途。用于货物外包装上。表示包装体内为含有致病微生物的物品，误吞咽、吸入或皮肤接触会损害人的健康。

（15）一级放射性物品标志

①图形如图 6-16 所示。

②图案颜色。符号为黑色；底色为白色，附一条红竖线。

③用途。用于货物外包装上。表示包装体内为放射量较小的一级放射性物品，能自发地、不断地放出 α、β、γ 等射线。

（16）二级放射性物品标志

①图形如图 6-17 所示。

图 6-16　一级放射性物品标志

图 6-17　二级放射性物品标志

②图案颜色。符号为黑色；底色为白色，附两条红竖线。

③用途。用于货物包装上。表示包装体内为放射量中等的二级放射性物品，能自发地、不断地放出 α、β，γ 等射线。

（17）三级放射性物品标志

①图形如图 6-18 所示。

②图案颜色。符号为黑色；底色为白色，附三条红竖线。

③用途。用于货物外包装上。表示包装体内为放射量很大的三级放射性物品，能自发地、不断地放出 α、β、γ 等射线。

（18）腐蚀品标志

①图形如图 6-19 所示。

图 6-18　三级放射性物品标志

图 6-19　腐蚀品标志

②图案颜色。符号为上黑下白；底色为上白下黑。

③ 用途。用于货物外包装上。表示包装体内为带腐蚀性的物品，如硫酸、盐酸、硝酸、氢氧化钾等产品，具有较强的腐蚀性，接触人体或物品后，即产生腐蚀作用，出现破坏现象，甚至引起燃烧、爆炸，造成伤亡的货物。

四、危险化学品的储存技术要求

危险化学品的储存技术要求，如表6-2所示。

表6-2　危险化学品储存技术要求

序　号	分　类	储存技术要求
1	遇火、遇热、遇潮能引起燃烧、爆炸或发生化学反应，产生有毒气体的危险化学品	不得在露天或在潮湿、积水的建筑物中储存
2	受日光照射能发生化学反应引起燃烧、爆炸、分解、化合反应，或能产生有毒气体的危险化学品	应储存在一级建筑物中，其包装应采取避光措施
3	压缩气体和液化气体	必须与爆炸物品、氧化剂、易燃物品、自物品、腐蚀性物品隔离储存
4	易燃气体	不得与助燃气体、剧毒气体同储；氧气不得和油脂混合储存，盛装液化气体的容器，属压力容器的，必须有压力表、安全阀、紧急切断装置，并定期检查，不得超装
5	易燃液体、遇湿易燃物品、易燃固体	不得与氧化剂混合储存，具有还原性的氧化剂应单独存放
6	有毒物品	应储存在阴凉、通风、干燥的场所，不要露天存放，不要接近酸类物质
7	腐蚀性物品	包装必须严密，不允许泄漏，严禁与液化气体和其他物品共存

五、化学品储存火灾的9大肇因

危险化学品储存发生火灾的原因，主要有以下九种情况。

1. 着火源控制不严

着火源是指可燃物燃烧的一切热能源，包括明火焰、赤热体、火星和火花、化学能等。在危险化学品的储存过程中的着火源主要有以下两个方面。

① 外来火种。如烟囱飞火、汽车排气管的火星、库房周围的明火作业、没有

熄灭的烟头等。

② 设备不良、操作不当引起的电火花、撞击火花和太阳能、化学能等。如电气设备、装卸机具不防爆或防爆等级不够；装卸作业使用铁质工具碰击打火；危险化学品露天存放致太阳暴晒；易燃液体操作不当产生静电放电等。

2. 着火扑救不当

因不熟悉危险化学品的性能和灭火方法，着火时使用不当的灭火器材使火灾扩大，造成更大的危险。

3. 产品变质

危险化学品存放时间过长，产生变质而引起事故。

4. 禁忌物品混存

危险化学品的禁忌物料混存，往往是由于经办人员缺乏相关知识，或者是有些危险化学品出厂时缺少鉴定；也有的是企业储存场地短缺而任意临时混存。性质抵触的危险化学品会因包装容器渗漏等原因发生化学反应而起火。

5. 养护管理不善

仓库建筑条件差，不适应所存物品的要求。如不采取隔热措施，使物品受热；因保管不善，仓库漏雨进水使物品受潮；盛装的容器破漏，使物品接触空气或易燃物品蒸气扩散和积聚等均会引起着火或爆炸。

6. 包装损坏或不符合要求

危险化学品容器包装损坏，或者出厂的包装不符合安全要求，都会引起事故。

7. 建筑物不符合存放要求

危险品库房的建筑设施不符合要求，造成库内温度过高，通风不良，湿度过大，漏雨进水，阳光直射；有的缺少保温设施，使物品达不到安全储存的要求而发生火灾。

8. 违反操作规程

搬运危险化学品没有轻装轻卸，或者堆垛过高不稳，发生倒塌；或在库内改装打包、封焊修理等违反安全操作规程造成事故。

9. 雷击

危险品仓库一般都是设在城镇郊外空旷地带独立的建筑物或露天储罐或堆垛

区，十分容易遭雷击，而企业没有安装避雷设施。

六、危险化学品的装卸搬运使用要求

危险化学品在装卸搬运使用过程中，有可能引发事故，所以，必须按照相关要求进行各项工作。

① 在装卸搬运化学危险物品前，要做好事前准备工作，了解物品性质，检查装卸搬运的工具是否牢固，不牢固的应予以更换或修理。如果工具上曾被易燃物、有机物、酸、碱等污染的，必须清洗后方可使用。

② 装卸搬运时，操作人员应根据不同物资的危险特性，分别穿戴相应合适的防护用具（包括工作服、橡皮围裙、橡皮袖罩、橡皮手套、长筒胶靴、防毒面具、滤毒口罩、纱口罩、纱手套和护目镜等），对毒害、腐蚀、放射性等物品更应加强注意。操作前应由专人检查用具是否妥善，穿戴是否合适。操作后应及时进行清洗或消毒，放在专用的箱柜中保管。

③ 操作中，对化学危险物品应轻拿轻放，防止撞击、摩擦、碰摔、振动。液体铁桶包装下垛时，不可用跳板快速溜放，应在地上、垛旁垫旧轮胎或其他松软物，缓慢放下。标有不可倒置标志的物品切勿倒放。一旦发现包装破漏，必须立即移至安全地点整修或更换包装。整修时不可使用可能发生火花的工具。

④ 在装卸搬运化学危险物品时，禁止饮酒、吸烟。工作完毕后，根据工作情况和危险品的性质，及时清洗手、脸、漱口或淋浴。装卸搬运毒害品时，必须保持现场空气流通，如果发现恶心、头晕等中毒现象，应立即到新鲜空气处休息，脱去工作服和防护用具，清洗皮肤沾染部分，重者送医院诊治。

七、危险化学品的防火防爆技术措施

1. 采取燃爆防止措施

采取下列措施防止燃爆发生：
① 尽量不使用或减少使用可燃物；
② 生产设备及系统尽量密闭化；
③ 采取通风除尘措施；
④ 设置可燃气体浓度检测报警仪；
⑤ 使用惰性气体保护；
⑥ 对燃爆危险化学品的使用、储存和运输等要采取针对性的防范措施。

2. 防止产生着火源

为使火灾、爆炸不具备发生的条件，应该采取以下措施：

① 防止撞击、摩擦产生火花；

② 防止因可燃气体绝热压缩而着火；

③ 防止高温表面引起着火；

④ 防止热射线（日光）直接照射；

⑤ 防止电气火灾爆炸事故；

⑥ 消除静电火花；

⑦ 采取措施，预防雷击；

⑧ 防止明火（维修用火）；

⑨ 应用防爆电器、防爆工器具。

3. 安装防火防爆安全装置

安装防火防爆安全装置是防火防爆的有效措施，如安装阻火器、防爆片、防爆窗、阻火闸门以及安全阀等，以防止发生火灾和爆炸。

第二节 / 危险化学品安全管理实务

一、压缩气体与液化气如何安全搬运

在搬运压缩气体和液化气体时，需要注意以下事项。

① 储存压缩气体和液化气体的钢瓶是高压容器，装卸搬运作业时，应用抬架或搬运车，防止撞击、拖拉、摔落，禁止溜坡滚动。

② 搬运前应检查钢瓶阀门是否漏气，搬运时切勿把钢瓶阀对准人身，注意防止钢瓶安全帽跌落。

③ 装卸有毒气体钢瓶，应穿戴防毒用具；剧毒气体钢瓶要当心漏气，以防吸入毒气。

④ 搬运氧气钢瓶时，工作服和装卸工具不得沾有油污。

⑤ 易燃气体严禁接触火种，在炎热季节搬运作业，应安排在早晚阴凉时进行。

二、易燃易爆气体如何搬运

所谓易燃液体，是指在常温下以液体状态存在，遇火容易引起燃烧，其闪点在 45℃以下的物质。易燃液体的闪点低、气化快、蒸汽压力大，又容易和空气混合成爆炸性的混合气体，在空气中浓度达到一定范围时，不但火焰能引起它起火燃烧或蒸汽爆炸，其他如火花、火星或发热表面都能使其燃烧或爆炸。因此，在易燃易爆气体装卸搬运作业时必须注意以下几点。

① 装卸搬运作业前应先进行通风。

② 装卸搬运过程中不能使用黑色金属工具，必须使用时应采取可靠的防护措施；装卸机具应装有防止产生火花的防护装置。

③ 在装卸搬运时必须轻拿轻放，不得滚动、摩擦、拖拉。

④ 夏季运输要安排在早晚阴凉时间进行作业；雨雪天作业要采取防滑措施。

⑤ 罐车运输要有接地链，以释放静电。

三、易燃固体如何安全装卸搬运

易燃固体是指在常温下以固态形式存在，燃点较低，遇火受热、撞击、摩擦或接触氧化剂能引起燃烧的物质，如赤磷、硫黄、松香、樟脑、镁粉等。

易燃固体燃点低，对热、撞击、摩擦敏感，容易被外部火源点燃，而且燃烧迅速，并散发出有毒气体。因此，在装卸搬运时要按以下要求处理。

① 装卸搬运作业时，应用抬架或搬运车，防止撞击、拖拉、摔落，禁止溜坡滚动。

② 搬运前应检查包装是否完整，注意是否有破损。

③ 装卸有毒固体物应穿戴防毒用具。

④ 易燃固体严禁接触火种或强酸强碱物质。

⑤ 在炎热季节搬运作业应安排在早晚阴凉时进行。

⑥ 作业人员禁止穿带铁钉的鞋，禁止与氧化剂、酸类物资共同搬运。

四、遇湿燃烧品如何安全装卸搬运

遇湿燃烧物品指的是与水或空气中的水分能发生剧烈反应，放出易燃气体和热量，具有发生火灾危险的物品。遇湿燃烧物品与水相互作用时发生剧烈的化学反应，放出大量的有毒气体和热量，由于反应异常迅速，反应时放出的气体和热量又多，使所放出来的可燃性气体迅速地在周围空气中达到爆炸极限，一旦遇明火或由于自燃而引起爆炸。所以在搬运装卸作业时要注意以下几点。

① 要注意防水、防潮，雨雪天没有防雨设施禁止作业。若有汗水应及时擦干，绝对不能直接接触遇水燃烧物品。

② 在装卸搬运中禁止翻滚、撞击、摩擦、倾倒，必须做到轻拿轻放。

③ 电石桶搬运前必须先放气，使桶内乙炔气放尽，然后搬动。

④ 搬运过程中须两人抬扛，不得滚桶、重放、撞击、摩擦，防止引起火花；同时工作人员必须站在桶身侧面，避免人身冲向电石桶面或底部，以防爆炸伤人。

⑤ 严禁与其他类别危险化学品混装混运。

五、有毒及腐蚀品如何安全装卸搬运

毒害物品特别是剧毒物品，少量进入人体或接触皮肤，就能造成局部刺激或中毒，甚至死亡。腐蚀物品具有强烈腐蚀性，除对人体、动植物体、纤维制品、金属等能造成破坏外，甚至会引起燃烧、爆炸。装卸、搬运时必须注意以下几点。

① 在装卸、搬运时，要严格检查包装容器是否符合规定，包装必须完好。

② 作业人员必须穿戴防护服、胶手套、胶围裙、胶靴、防毒面具等防护用具。

③ 装卸剧毒物品时要先通风再作业，作业区要有良好的通风设施。

④ 剧毒物品在运输过程中必须派专人押运。

⑤ 装卸要平稳，轻拿轻放，不得肩扛、背负、冲撞、摔碰，以防止包装破损。

⑥ 严禁作业过程中饮食；作业完毕后必须更衣洗澡；防护用具必须清洗干净后方能再用。

⑦ 装运剧毒品的车辆和机械用具，都必须彻底清洗，才能装运其他物质。

⑧ 装卸现场应备有清水、苏打水和稀醋酸等，以备急用。

⑨ 腐蚀物品装载不宜过高，严禁架空堆放。

⑩ 坛装腐蚀品运输时，应套木架或铁架。

六、怎样进行危险化学品的定期检查

危险化学品入库后应根据商品的特性采取适当的养护措施，在储存期内定期检查，做到一日两检，并做好检查记录。"危险化学品安全检查表"见表6-3。若发现品质变化、包装破损、渗漏、稳定剂短缺等要及时处理。

表 6-3 危险化学品安全检查表

检查人员：　　　　　　　　　　检查时间：

序号	检查内容	检查方法及标准	检查结果			
			符合	不符合及主要问题	整改要求	整改结果
1	危险化学品是否定点存放	危险化学品应定点存放在指定区域或房间				
2	危险化学品存放点是否符合安全运行要求	危险化学品存放点应符合通风、防晒、防潮、防泄漏等要求				
3	危险化学品场所安全、消防设施是否正常运行	危险化学品生产、使用、储存场所安全，消防设施应正常运行，以确保安全				
4	危险化学品存放是否规范	应当根据危险化学品的种类、特性分类、分开存放，避免发生化学反应				
5	危险化学品场所安全标志是否完好	危险化学品场所安全标志应完好				
6	危险化学品出入库管理是否规范	危险化学品应按照出入库管理进行规范管理，并有相应的出入库登记等				
7	装卸、搬运危险化学品是否按照规定进行	装卸、搬运危险化学品应做到轻装、轻卸，严禁摔、碰、撞击、拖拉、倾倒等				
8	危险化学品作业场所员工是否遵守安全规章制度和操作规程	危险化学品作业场所员工是否遵守安全规章制度和操作规程				
9	作业场所员工是否按规定正确穿戴、使用防护用品	作业场所员工应按规定正确穿戴、使用防护用品				
10	其他安全隐患：					

检查考核意见：

检查部门负责人：

被检查部门现场人员：　　　　　　　　　被查部门负责人：

七、怎样进行化学品的废弃处理

1. 废物的收集

对于没有使用完的危险化学品不能随意丢弃，否则可能会引发意外事故。如往下水道倒液化气残液，遇到火星会发生爆炸等。正确的方法是要按照化学品的特性及企业的规定对之进行分类处理。

剧毒品用完之后，留下的包装物必须严加管理，使用部门应登记造册，指定专人交物资回收部门，由专人负责管理。

2. 危险化学品的处理

对于不可回收的废弃物，由有资质的企业进行处理，或使用部门达标后排放化学废液至污水处理站。

八、易燃易爆气体泄漏怎么办

易燃、易爆气体泄漏容易发生爆燃；液化气体泄漏易产生白雾，易产生静电，并因静电放电而引起爆燃，从而造成人员中毒；易燃、易爆气体一旦泄漏，扩散范围广，难以控制，易形成大面积火灾。所以千万要防止易燃、易爆气体泄漏。处置易燃、易爆气体泄漏事故，必须及时堵漏，控制火源，排除险情，严防爆燃。

1. 迅速堵漏

首先必须想尽一切办法尽快堵漏，防止大量泄漏和大面积扩散。堵漏时应区分泄漏气体的物理特性及泄漏部位，根据具体情况采取以下相应堵漏措施。

① 停止输送气体或关闭泄漏点相邻部位阀门，切断泄漏源口。

② 对于管道泄漏或罐体孔洞型泄漏，应使用专用的管道内封式、外封式、捆绑式充气堵漏工具进行迅速堵漏，或用金属螺钉加黏合剂旋拧，或利用木楔、硬质橡胶塞封堵。

③ 法兰泄漏时，对因螺栓松动引起的泄漏，应使用无火花工具紧固螺栓，制止泄漏。

④ 罐体撕裂泄漏时，由于泄漏处喷射压力大、流速快、泄量大，应迅速利用专用的捆绑紧固和空心橡胶塞加压充气器具进行塞堵。

⑤ 利用易燃液化气体蒸发潜热特性，用水枪向泄漏处喷水，降低泄漏处压力，并使泄漏处结冰，减少泄漏量，进而堵漏。

⑥ 必要时进行气体倒罐或输入槽车体进行分流，大风天气，还可打开罐顶放

开容器向外排出气体，以降低泄漏口压力，防止裂口扩大，减少泄漏量。

⑦ 少量泄漏可用胶泥、石棉被缠裹泄漏阀门、管道泄漏处，并用橡胶带、绳索或铁丝等箍紧，也可用抱箍夹紧。

⑧ 可移动压力容器泄漏时，应采取相应堵漏、排空措施进行处置。如迅速将该容器移至安全地带自然排空，并加强防范，杜绝火源。

2. 杜绝一切火源

当出现易燃、易爆气体泄漏时，在采取堵漏措施的同时，应迅速划定警戒范围，消除气体扩散区内各种火源。

① 迅速扑灭各种明火，停止焊接、气割等明火作业。

② 使用防爆抢险工具，禁止穿带钉子的鞋，防止撞击、摩擦打火。

③ 警戒区内禁止过往车辆通行，防止排气筒火星和吸烟明火。

④ 切断气体扩散区电源（防爆电器除外），防止电火花。

⑤ 抢险人员必须更换抢险服装，防止静电火花，无关人员禁止进入警戒区口。

⑥ 停止在气体扩散区使用电话、手机等通信工具。

⑦ 冷却高温设备、物体。

⑧ 防止气体泄漏口积聚静电，放电打火。

3. 及时疏散人员

当发生易燃、易爆气体大范围泄漏时，应迅速向周围各单位、居民区发出险情信号，要求他们扑灭一切明火，切断电源，并迅速撤离。

4. 使用雾状水流稀释驱散

易燃、易爆气体泄漏遇有大风天气，会随风迅速向下风方向扩散。若遇小风或无风天气，则会积聚在某一空间。此时，应视情况采用雾状水流驱散积聚气体，使之尽快排除险情。

5. 不得已时自动引火点燃

在无法有效实施堵漏，不点燃必定会带来更严重的灾难性后果，而点燃则导致稳定燃烧，在危害程度减小的情况下，可实施主动点燃措施。采用点燃的措施，应具备安全条件和严密的防范措施，必须周全考虑，谨慎进行。

九、易燃液体泄漏怎么办

易燃液体泄漏后易四处流散、渗漏，其蒸气易发生爆燃，同时液体蒸气易使人中毒；液体泄漏时易产生静电。易燃液体泄漏的应急处理方法如下。

1. 制止泄漏

一旦发生液体泄漏，均应采取果断措施，迅速制止泄漏。易燃液体堵漏较为容易，可使用缠裹、堵塞、输送倒罐、关阀断料等方法制止泄漏，从根本上消除险情。

2. 控制流散

对泄漏出的易燃液体，要采取回、堵、截、收、导等方法，设法控制液体到处流散，特别是阻止其向地沟、槽、井等处流淌，把险情控制在最小范围。

3. 杜绝火源

在抢险过程中，可参照可燃气体泄漏时消除火源的办法防止爆燃。

4. 回收液体

在可能的情况下，对泄漏的易燃液体及时回收，使其不再流散。可采用导流法把流散液体积聚在某一低洼处，或人工挖的坑池中，然后安全回收。

5. 隔绝空气

覆盖液面，减少挥发，隔绝空气。对一时难以回收且积聚较多的易燃液体，可施放泡沫覆盖液体，控制其大量挥发。对流散液体也可使用泡沫或砂土覆盖，以减少挥发，降低危险。

6. 驱散蒸气

易燃液体蒸气都比空气重，一般都沉聚于地表或低洼处，不易飘散。室外可使用雾状水流驱散液体蒸气，尤其要对液体蒸气聚积处认真驱散；室内则应打开门窗通风，必要时也可采用雾状水流驱散；对地下沟、槽、井等处，也应采取措施驱散蒸气，以彻底消除险情。

十、危险化学品丢失被盗如何处理

一旦发生剧毒药品、爆炸物品、放射性物品及其他危险化学品丢失被盗事件，首先应立即报警，由接警值班人员根据具体情况，通知相关部门负责人到场处置。

任何事故发生后，现场人员应保护好事故现场。不得破坏与事故有关的物体痕迹，为抢救伤者需要移动的某些物体必须做好现场标志，相关人员应积极协助、配合事故调查处理工作。

根据《危险化学品安全管理条例》规定，有下列行为之一的，由负责危险化学品安全监督管理综合工作的部门或者公安部门，依据各自的职权责令立即或者限期改正，处1万元以上5万元以下的罚款；逾期不改正的，由原发证机关吊销危险化学品生产许可证、经营许可证和营业执照；触犯刑律的，对负有责任的主管人员和其他直接责任人员，依照刑法关于危险物品肇事罪、重大责任事故罪或者其他罪的规定，依法追究刑事责任。

① 未在生产、储存和使用危险化学品场所设置通信、报警装置，并保持正常适用状态的。

② 危险化学品未储存在专用仓库内或者未设专人管理的。

③ 危险化学品出入库未进行核查登记或者入库后未定期检查的。

④ 危险化学品生产单位不如实记录剧毒化学品的产量、流向、储存量和用途，或者未采取必要的保安措施防止剧毒化学品被盗、丢失、误售、误用，或者发生剧毒化学品被盗、丢失、误售、误用后不立即向当地公安部门报告的。

⑤ 危险化学品经营企业不记录剧毒化学品购买单位的名称、地址，购买人员的姓名、身份证号码及所购剧毒化学品的品名、数量、用途，或者不每天核对剧毒化学品的销售情况，或者发现被盗、丢失、误售不立即向当地公安部门报告的。

十一、化学品火灾事故如何处理

发生化学品火灾事故时，现场人员在保护好自身安全的情况下，及时向有关人员、部门报告，迅速将危险区域内的人员撤离至安全区位。

危险化学品容易发生火灾、爆炸事故，但不同的化学品，以及在不同情况下发生火灾时，其扑救方法差异却很大，若处置不当，不但不能有效扑灭火灾，反而会使灾情进一步扩大，也由于其本身具有的毒害性，极易造成人员中毒，因此扑救化学品火灾是一项非常重要又极其危险的工作。

当火势尚可控制时，在穿戴好合适的防护用具时，才可使用适当的移动式灭火器来控制火灾，但不得盲目地使用水来灭此类火灾。及时报警向相关部门求助。火势大时应果断撤离现场，以防造成不必要的人员伤害。

十二、危险化学品事故如何现场施救

危险化学品事故现场急救，在防止烧伤和中毒程度加深的同时，还要使患者维持呼吸、循环功能。这是两条最为重要的现场救治原则。

1. 危险化学品急性中毒

① 若为沾染皮肤中毒，应迅速脱去受污染的衣物，用大量清水冲洗至少 15 分钟。头面部受污染时，注意要首先冲洗眼睛。

② 若为吸入中毒，应迅速脱离中毒现场，向上风方向移至空气新鲜处，同时解开患者的衣领，放松裤带，使其保持呼吸道畅通，并注意保暖，防止患者受凉。

③ 若为口服中毒，中毒物为非腐蚀性物质时，可用催吐方法使其将毒物吐出。误服强碱、强酸等腐蚀性强的物品时，催吐反使食道、咽喉再次受到严重损伤，可服牛奶、蛋清、豆浆、淀粉糊等，此时切勿洗胃，也不能服碳酸氢钠，以防胃胀气引起穿孔。

④ 现场如发现中毒者出现心跳、呼吸骤停，应立即实施人工呼吸和体外心脏按压术，使其维持呼吸、循环功能。

2. 化学性皮肤烧伤

化学性皮肤烧伤，应立即移离现场，迅速脱去受污染的衣裤、鞋袜等，并用大量流动的清水冲洗创面 20 ～ 30 分钟（强烈的化学品要更长时间），以稀释有毒物质，防止继续损伤和通过伤口吸收。

新鲜创面上不要随意涂上油膏或红药水、紫药水，不要用脏布包裹；黄磷烧伤时应用大量清水冲洗，浸泡或用多层干净的湿布覆盖创面。

3. 化学性眼烧伤

化学性眼烧伤，要在现场迅速用清水进行冲洗，最好使用流动的清水，冲洗时将眼皮掰开，把裹在眼皮内的化学品彻底冲洗干净。现场若无冲洗设备，可将头埋入清洁盆水中，掰开眼皮，让眼球来回转动进行洗涤。

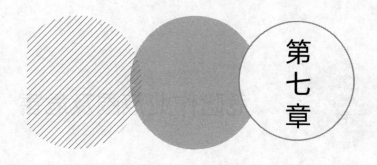

第七章

危险作业安全技术与管理

吊装作业、动火作业、锅炉压力容器作业、检修作业、高处作业、动土作业、有限空间作业、高空吊笼作业等都是危险作业。政府管理部门对危险作业都有特别的规定。

本章主要介绍吊装作业、动火作业、锅炉压力容器作业、检修作业等方面的安全技术与管理实务。

第一节 / 危险作业范围及危害

一、危险作业的范围

由于在生产经营过程中可能遇到各种危险，因此，确定本单位危险作业的范围，是加强危险作业安全管理的前提和基础。确定危险作业的范围一般是根据国家相关的法律法规和规程、单位生产经营特点、重大危险源状况、事故分析结果等因素综合分析确定，危险作业一般包括以下几种：

① 吊装作业；

② 动火作业；

③ 锅炉压力容器作业；

④ 检修作业；

⑤ 高处作业；

⑥ 动土作业；

⑦ 有限空间作业；

⑧ 高空吊笼作业；

⑨ 上述以外其他有较大危险可能导致人员伤亡或财产损失的作业。

二、危险作业的危害

由于危险作业的类别和作业的环境不同，其危害结果也不相同。通常用危险严重度来表示危险严重程度的等级，是对危险严重程度的定性度量。一般危险分为以下4类。

第一类：恶性的，这类危险的发生会导致恶性事故发生，造成重大设备损坏或人员伤亡；

第二类：严重的，这类危险的发生会导致设备严重损坏或人身严重伤害；

第三类：轻度的，这类危险的发生会导致人身轻度伤害或设备损坏；

第四类：轻于第三类的轻微受伤或设备轻微损坏，这类危险可以忽略。

危险作业分析是指在一项作业或工程开工前，对该作业项目（工程）所存在的危险类别、发生条件、可能产生的情况和后果等进行分析，找出危险点，目的是控制事故发生。

第二节 / 吊装作业安全技术与管理

一、吊装作业安全技术

吊装作业是指生产过程中，利用各种机具将重物吊起，并使重物发生位置变化的作业过程。以下介绍吊装作业的安全技术要求。

① 吊装重量较大的物体，吊装形状复杂、刚度小、长径比大、精密贵重设备，以及施工条件特殊的情况下，应编制吊装方案。吊装方案经施工主管部门和安全技术部门审查，报主管厂长或总工程师批准后方可实施。

② 起重吊装作业大多数作业点都必须由专业技术人员进行作业；属于特种作业必须由经专门安全作业培训，取得特种作业操作资格证书的特种作业人员进行操作。

③ 各种吊装作业前，应预先在吊装现场设置安全警戒标志并设专人监护，非施工人员禁止入内。

④ 吊装作业前，必须对各种起重吊装机械的运行部位、安全装置，以及吊具、索具等各种机具进行详细的安全检查，吊装设备的安全装置要灵敏可靠。吊装前必须试吊，确认无误方可作业，严禁带病使用。

⑤ 吊装作业人员必须佩戴安全帽，高处作业时必须遵守高处作业的相关规定。

⑥ 吊装作业时，必须分工明确、坚守岗位，并按规定的联络信号，统一指挥。

⑦ 用定型起重吊装机械（履带吊车、轮胎吊车、桥式吊车等）进行吊装作业时，除遵守本标准外，还应遵守该定型机械的操作规程。

⑧ 吊装作业时，必须按规定负荷进行吊装，吊具、索具经计算选择使用，严禁超负荷运行。所吊重物接近或达到额定起重吊装能力时，应检查制动器，用低高度、短行程试吊后，再平稳吊起。

⑨ 吊装作业中，夜间应有足够的照明，室外作业遇到大雪、暴雨、大雾及六级以上大风时，应停止作业。

⑩ 在吊装作业中必须遵守起重机"十不吊"原则，即：

a. 指挥信号不明不吊；

b. 超负荷或物体重量不明不吊；

c. 斜拉重物不吊；

d. 光线不足、看不清重物不吊；

e. 重物下站人不吊；

f. 重物埋在地下不吊；

g. 重物紧固不牢，绳打结、绳不齐不吊；

h. 棱刃物体没有衬垫措施不吊；

i. 吊物通过下方作业人员头顶上部不吊；

j. 安全装置失灵不吊。

⑪ 吊装作业现场如需动火，应遵守动火作业的规定。吊装作业现场的吊绳索、揽风绳、拖拉绳等要避免同带电线路接触，并保持安全距离。

⑫ 严禁利用管道、管架、电杆、机电设备等作吊装锚点。未经机动、建筑部门审查核算，不得将建筑物、构筑物作为锚点。

⑬ 任何人不得随同吊装重物或吊装机械升降。

⑭ 悬吊重物下方严禁站人、通行和工作。

二、吊装作业安全管理

1. 吊装作业的分级分类管理

吊装作业按吊装重物的重量分为三级：吊装重物的重量大于 80t 时，为一级吊装作业；吊装重物的重量大于等于 40t 且小于等于 80t 时，为二级吊装作业；吊装重物的重量小于 40t 时，为三级吊装作业。

吊装作业按作业级别分为三类：大型吊装作业；吊装作业；一般吊装作业。

2. 吊装作业的从业资格管理

造成吊装作业伤害事故的形式，主要有吊物坠落、挤压碰撞、触电、高处坠落和机体倾翻五类。因此，加强对吊装作业的资质管理是十分重要的工作。要建立健全吊装作业安全管理岗位责任制，起重机械安全技术档案管理制度，起重机械司机、指挥作业人员、起重司索人员（捆绑吊持人）安全操作规程，起重机械安装、维修人员安全操作规程，起重机械维修保养制度等，要分工明确，落实责任，奖罚分明。要加强培训教育，对吊装作业人员进行安全技术培训考核，按照国家有关技术标准，对起重机械司机、指挥作业人员、起重司索人员进行安全技术培训考核，提高他们的安全技术素质，做到持证上岗作业。

　　吊装作业实行安全许可证管理，"吊装作业安全许可证"如表 7-1 所示。吊装作业安全许可证一般由设备管理部门负责管理。单位负责人从设备管理部门领取吊装作业安全许可证后，要认真填写各项内容，交施工单位负责人批准。对于特定的吊装作业，必须编制吊装方案，并将填好的吊装作业安全许可证与吊装方案一并报设备管理部门负责人批准。吊装作业安全许可证批准后，项目负责人应将吊装作业安全许可证交作业人员。作业人员应检查吊装作业安全许可证，确认无误后方可作业。

表 7-1　吊装作业安全许可证

吊装单位		吊装负责（指挥）人	
吊装地点		吊装工具名称	
吊装人员（姓名、工种、操作证）			
作业时间		起吊重量 /t	
吊装内容			
安全措施			
项目单位安全负责人：（签字）		项目单位负责人：（签字）	
施工单位安全负责人：（签字）		施工单位负责人：（签字）	
设备管理部门审批意见： 部门负责人：（签字）　　　年　月　日			
主管领导或总工程师审核意见： 主管领导或总工程师：（签字）　　　年　月　日			

3. 吊装作业的危险辨识管理

　　在吊装作业过程中，特别是在大型设备吊装安装过程中，使用多台大型吊装机具及辅助工器具，多工种交叉作业，难度大，危险性大，任何一个环节的不可靠都可能导致事故发生。所以，需要对吊装作业过程进行危险辨识，制定可靠的安全措施并有效实施，确保吊装工作的安全。对吊装作业的危险辨识，可采用预先危险性分析法对吊装作业进行危险分析。预先危险性分析（Preliminary Hazard Analysis，PHA），又称初步危险分析，主要用于对危险装置和物质的主要工艺区域等进行分析。其主要内容如下。

（1）预先危险性分析步骤

① 通过经验判断、技术诊断或其他方法调查确定危险源（即危险因素存在于哪个子系统中），对所需分析系统的生产目的、物料、装置及设备、工艺过程、操作条件以及周围环境等进行充分、详细的调查了解。

② 根据过去的经验教训及同类行业生产中发生的事故（或灾害）情况，分析系统的影响、损坏程度，类比判断所要分析的系统中可能出现的情况，查找能够造成系统故障、物质损失和人员伤害的危险性，分析事故（或灾害）的可能类型。

③ 对确定的危险源分类，制成预先危险性分析表。

④ 识别转化条件，即研究危险因素转变为危险状态的触发条件和危险状态转变为事故（或灾害）的必要条件，并进一步寻求对策措施，检验对策措施的有效性。

⑤ 进行危险性分级，排列出重点和轻、重、缓、急次序，以便处理。

⑥ 制定事故（或灾害）的预防对策措施。

（2）预先危险性等级的划分

在分析系统危险性时，为了衡量危险性的大小及其对系统破坏性的影响程度，可以将各类危险性划分为4个等级（表7-2）。

表7-2　危险性等级划分表

级别	危险程度	可能导致的后果
I	安全的	不会造成人员伤亡及系统损坏
II	临界的	处于事故的边缘状态，暂时还不至于造成人员伤亡、系统损坏或降低系统性能，但应予以排除或采取控制措施
III	危险的	会造成人员伤亡和系统损坏，要立即采取防范对策
IV	灾难性的	造成人员重大伤亡及系统严重破坏的灾难性事故，必须予以果断排除并进行重点防范

例如，某企业用起吊车吊装重量约20t的大型设备，事先进行了预先危险性分析，其分析结果见表7-3。

（3）根据风险辨识结果制定安全措施

从上面风险评价结果看，保证吊装作业安全的根本在于作业人员、作业管理措施和技术装备的可靠。下面从三个方面提出安全措施，以降低吊装作业的风险。

① 作业人员的安全措施

a. 吊车司机和起重作业人员必须持有特种作业证，熟识吊车性能，严守操作规程。

表 7-3 起重吊装作业预先危险性分析表

危险因素	原　因	事故后果	危险等级	措　施
高处坠落	①未系安全带或安全带使用不当 ②安全带断裂 ③安全防护设施损坏	人员伤亡	危险级	①正确使用安全带，使用前要检查安全带的状况 ②按操作规程正确操作 ③作业前进行教育和安全交底
物体打击	①人员误操作 ②机具损坏	人员伤亡，设备损坏	危险级	①作业前进行教育和安全交底，作业人员持证上岗 ②作业前检查索具钢丝绳等设备状况 ③危险区域设立警戒
碰撞	索具拉断	人员伤亡，设备损坏	灾难级	①作业前进行教育和安全交底，作业人员持证上岗 ②作业前检查索具钢丝绳等设备状况
吊车倾翻	①吊装绳扣拉断 ②道路塌陷 ③支垫不合理 ④误操作，误指挥	人员伤亡，设备损坏	灾难级	①作业前制定好相应的安全措施并确保落实 ②对设备状况和措施进行检查 ③作业前进行教育和安全交底，作业人员持证上岗

b. 登高作业人员必须体检合格，身体健康良好，具有丰富的高处作业经验及较高的安全意识和技能。

c. 管理人员和技术人员具有起重吊装作业的相关知识和本专业的特长。

d. 在吊装前，对涉及吊装的所有人员进行一次吊装作业培训和专题安全教育，技术总负责人进行吊装作业的详细讲解，安全工程师进行危险因素和削减措施的详细讲解，对所有吊装人员进行技术交底。

② 作业管理的安全措施

a. 吊装作业前分专业进行准备，吊装作业时统一指挥和管理，保证机构运行流程畅通。

b. 对所使用的设施及工器具、材料按照吊装作业规范进行科学计算，制定可靠的施工组织方案和吊装方案，保证吊装作业的安全进行。

c. 收集天气预报信息，选择适宜起吊的气象条件。

d. 吊装作业前，分专业对所有器具及机械使用前进行性能检验检测确认，并办理好登高作业证等作业许可证。

e. 操作人员正确佩戴和使用劳动保护用品，尤其是高空作业人员必须戴安全帽、系挂安全带、使用工具袋，杜绝高空抛物，由作业监护人对其进行检查确认。

　　f.吊装作业时，设立吊装警示区，用警戒线进行围挡，悬挂警示牌，并配备作业监护人员看守，严禁无关人员入内。

　　g.吊装作业时，由总指挥发出起吊信号。

　　h.吊装作业时，必须先试吊，经确认安全后起吊。

　　i.吊装过程的指挥信号准确、清晰、及时、统一。

　　③技术装备的安全措施。吊车性能、吊装索具和器具的状况由专人负责检查确认，符合安全技术规范，方可进行吊装作业。

4.吊装作业的安全交底

　　对于重大吊装作业，应按有关规定办理安全施工作业许可证，并经有关领导及相关部门批准后组织实施，并对作业人员进行安全交底，吊装作业负责人、安全部门相关人员应参加措施交底工作。吊装作业班组按交底落实安全防护设施，熟悉吊装措施，特别是起重工应明确吊装物体的重量、形状、吊点的确定、钢丝绳等吊装索具选用、绑扎技术等；起重司机应明确吊装机械目前的性能、工况。

　　交底主要内容一般包括：

　　①吊装作业内容、吊装作业步骤、使用的机器具及安全技术要求；

　　②吊装作业现场条件和环境特点；

　　③吊装作业人员资质、素质、身体状况；

　　④作业安全防护技术；

　　⑤必须佩戴的防护用品及其正确使用方法；

　　⑥紧急情况应急措施。

第三节　／　动火作业安全技术与管理

一、动火作业安全技术

1.动火作业的概念

　　在企业的生产经营过程中，凡是动用明火或可能产生火种的作业都属于动火作业。如焊接、切割、熬沥青、烘烤、喷灯等明火作业；凿水泥基础、打墙眼、砂轮机打磨、电气设备的耐压试验等易产生火花或高温的作业。

　　动火本身就是一个明火作业过程，在厂区内从事上述作业，无论是焊接还是切割，都经常接触到可燃、易燃、易爆物质，同时多数是与压力容器、压力管道打交道，危险性很大。因此，加强对动火作业的管理是十分重要的。目前，企业一般都对厂区进行划分，分为禁火区和固定动火区，禁火区动火都需要办理动火作业安全许可证审批手续，落实安全动火措施。动火作业是指在禁火区进行焊接与切割作业，以及在易燃易爆场所（生产和储存物品的场所符合 GBJ 16—1987 中火灾危险分类为甲、乙类的区域）使用喷灯、电钻、砂轮等进行可能产生火焰、火花和赤热表面的临时性作业。

2. 动火作业前的准备

　　动火作业前应清除动火现场及周围的易燃物品，或采取其他有效的安全防火措施，配备足够适用的消防器材。应检查电、气焊工具，保证安全可靠，不准带病使用。使用气焊切割动火作业时，氧气瓶与乙炔气瓶间距应不小于 5m，二者与动火作业地点均应不小于 10m，并且不准在烈日下暴晒。在铁路沿线（25m 以内）的动火作业，如遇装有化学危险物品的火车通过或停留时，必须立即停止作业。凡在有可燃物或易燃物构件的凉水塔、脱气塔、水洗塔等内部进行动火作业时，必须采取防火隔离措施，以防火花溅落引起火灾。

3. 动火作业安全防火要求

　　① 动火作业实行动火作业安全许可证管理制度。动火作业必须办理动火作业安全许可证。进入设备内、高处等进行动火作业，还应执行相关的规定，对于在厂区管廊上的动火作业，根据国家的有关规定，按一级动火作业管理。带压不置换动火作业按特殊危险动火作业管理。

　　② 动火作业必须采取清洗置换等相应安全措施。对于凡是盛有或盛过化学危险物品的容器、设备、管道等生产、储存装置，必须在动火作业前进行清洗置换，经分析合格后方可动火作业。对于凡是在属于规程规定的甲、乙类区域的管道、容器、塔罐等生产设施上动火作业时，必须将其与生产系统彻底隔离，并进行清洗置换，取样分析合格后方可动火作业。

　　③ 高空进行动火作业，其下部地面如有可燃物、空洞、阴井、地沟、水封等，应检查分析，并采取措施，以防火花溅落引起火灾爆炸事故。

　　④ 拆除管线的动火作业，必须先查明其内部介质及其走向，并制定相应的安全防火措施；在地面进行动火作业，周围有可燃物，应采取防火措施。

　　⑤ 动火点附近如有阴井、地沟、水封等应进行检查、分析，并根据现场的具体情况采取相应的安全防火措施。在生产、使用、储存氧气的设备上进行动火作

业，其含氧量不得超过20%。五级风以上（含五级风）天气，禁止露天动火作业。因生产需要确需动火作业时，动火作业应升级管理。

4. 特殊危险动火作业要求

特殊危险动火作业在符合一般动火作业相关规定的同时，还应符合以下规定。

① 在生产不稳定、设备管道等腐蚀严重情况下，不准进行带压不置换动火作业。

② 动火作业前，生产单位要通知工厂生产调度部门及有关单位，使之在异常情况下能及时采取相应的应急措施。

③ 必须制定施工安全方案，落实安全防火措施。动火作业时，车间主管领导、动火作业与被动火作业单位的安全员、厂主管安全防火部门人员、主管厂长或总工程师必须到现场，必要时可请专职消防队到现场监护。

④ 动火作业过程中，必须设专人负责监视生产系统内压力变化情况，使系统保持不低于980.665Pa正压。低于980.665Pa压力应停止动火作业，查明原因并采取措施后方可继续动火作业，严禁负压动火作业。

⑤ 动火作业现场的通、排风要良好，以保证泄漏的气体能顺畅排走。

5. 动火作业的安全措施要求

① 动火作业人员所使用的工具、设备是否处于完好状态。

② 动火设备本身是否残存易燃、易爆、有毒、有害物质，取样分析、测爆结果是否合格，是否留有死角，是否加好盲板进行了隔离。

③ 动火周围环境是否合格，地漏、污油井、地沟、电缆沟是否按要求进行了封堵；放空阀、排凝阀及周围（最小半径15m）是否有泄漏点。

④ 动火审批人员要严格把关，审批前要深入动火地点查看，确认无火险隐患后方可批准。

6. 动火分析

动火分析是动火作业安全管理中常用的一项安全措施，动火分析应由动火分析人员进行。凡是在易燃易爆装置、管道、储罐、阴井等部位，及其他认为应进行分析的部位动火时，动火作业前必须进行动火分析。

（1）取样点的确定

动火分析的取样点，均应由动火所在单位的专（兼）职安全员或当班班长负责提出，动火分析的取样点要有代表性，特殊动火的分析样品应保留到动火结束。也就是说采样点选择的原则一般是：由熟悉生产工艺装置的工程技术人员或安全员确定，选择点必须具有代表性，对于动态之中的动火作业，应根据现场情况及时确定分析取样点。

① 装置区域内动火作业点周围空间气体的采样。采样点由熟悉生产工艺装置的工程技术人员，根据动火部位现场周围情况来确定。一般要求选择2个点以上，而且要靠近动静密封点，既不能太近，也不能太远，一般1.5m左右取样较为合适。

装置密封点没有绝对不泄漏的，但是要求确认其泄漏量是否在安全认可范围内。在泄漏量较大的情况下，取样分析没有实际意义。在实际工作中，安全员要求在动静密封点附近采取一个空间气样，如果可燃物含量合格，则以此点作为动火前分析依据；否则，在1.5m左右再采取一个空间气样，进行可燃物含量分析，如果可燃物含量合格，再根据动火的部位距泄漏点远近，确定是否可动火作业；否则，就要对泄漏部位进行处理后再采样分析。

② 密闭空间采样点的确定。一般可根据设备用途、结构、充装介质几方面来考虑。表7-4是常用设备及部位取样点选择，供大家参考。

表7-4 常用设备及部位取样点

设 备	采样分析点	备 注
立式储罐	上、下入孔，排污口	用胶皮管探至设备内
球罐	上、下入孔，排污管口，外浮筒倒淋装置	为防外浮筒在物料处存在死角
塔	上、下入孔，底部排渣口	充装介质为比重较大的物料，要增加取样点
水井	距水面20cm	用胶皮管探至适当位置
地沟	距水面20cm	用胶皮管探至适当位置
隔油池	约3m范围空间，出水口周围空间	
卧式储罐	顶部入孔，下排污口，液位计倒淋阀处	

③ 管道内部采样点的确定。管道吹扫置换后，采样点一般由工艺技术员来确定采样点，并且创造好的取样条件。对于较长管线必须在管道两端、管道各阀口及高点气密放空阀进行取样；对于不能探至管线内取样处，要求用钢锯（抹上黄油或机油）切一小口探至内部取样，来确保样品的代表性。

（2）取样的时间

动火作业必须在动火分析后进行，则动火分析采样时间应该在什么时间最好和有效，也是动火分析的关键。厂区动火作业安全规程规定，取样与动火间隔不得超过 30min，如超过间隔或动火作业中断时间超过 30min 时，必须重新取样分析。如现场分析手段无法实现上述要求时，应由主管厂长或总工程师签字同意，另做具体处理。使用测爆仪或其他类似手段进行分析时，检测设备必须经被测对象的标准气体样品标定合格。

（3）动火分析合格判定

① 如使用测爆仪或其他类似手段时，被测的气体或蒸汽浓度应小于或等于爆炸下限的 20%。

② 使用其他分析手段时，被测的气体或蒸汽的爆炸下限大于等于 4% 时，其被测浓度小于等于 0.5%；当被测的气体或蒸汽的爆炸下限小于 4% 时，其被测浓度小于等于 0.2%。

7. 焊割安全措施要求

① 电焊作业时必须采取的安全措施。为防止触电，电焊工所用焊把必须绝缘；电缆线、地线、把线必须绝缘良好，不破皮，防止受外界高温烘烤；过路要加保护套管，防止被过往车辆轧坏；在金属容器内或潮湿环境作业，应采用绝缘衬垫，以保证焊工与焊件绝缘；电焊工严禁携带焊把进出设备；禁止将接地线连接于在用管线、设备，以及相连的钢结构上，以防产生静电，引起火灾；禁止在设备和无关的管线上引弧；防止把线、地线在其他无关的管线、设备上打火、击穿、击伤管线、设备；防止在施工中踩断其他管线；高空作业要办理登高证，进入容器要办理进入容器许可证。

② 气割和气焊时必须采取的安全措施。在使用气割和气焊时要注意氧气瓶及器具不得沾上油脂、沥青类物质，避免与高压氧气接触发生燃烧；保证氧气瓶、乙炔瓶离动火点的安全距离大于 10m，或氧气瓶与乙炔瓶之间的安全距离大于 3m；乙炔瓶应立放，禁止卧放，以防丙酮随气体带出发生爆炸；严禁铜、银、汞类物质与乙炔接触，以防发生爆炸；使用的胶管不得有漏气、破裂、鼓泡等现象，避免让高温工件烧破带子发生着火；使用中发生回火要及时切断乙炔气，严禁暴晒，以免使瓶内压力升高；冬季乙炔管冻结时，禁止用火烤或用氧气吹；乙炔瓶的易熔塞应朝向无人处。

动火作业还应注意的其他问题是：作业人员没有穿戴好合格的劳保用品不允许动火；属于防火防爆区的动火，未办理动火审批手续的不准擅自动火；动火执行人不了解动火现场周围情况，不能盲目动火；没有防止火星飞溅措施的不准动火；不准在有压力的设备、管线上动火；焊工没有证的，又没有正式焊工在场进行技术指导时，不能动火；抽加盲板时要注意做好防护，防止中毒、烫伤事故发生；动火时要保持消防道路畅通，避免物料、机具占据消防通道。必要时请消防人员到现场监护，对检测结果进行复验。

二、动火作业安全管理

1. 动火作业的事故原因分析

动火本身就是一个明火作业过程，危险性很大。发生事故的原因主要有以下几个方面。

① 没有对动火设备内部本身存在易燃、易爆、有毒、有害物质进行全面吹扫、置换、蒸煮、水洗、抽加盲板等程序处理，或没有对经处理而达不到动火条件进行分析或分析不准，而盲目动火，引发火灾、爆炸事故。

② 气焊、气割动火所用的乙炔、氧气等易燃、易爆气体，胶带、减压阀等器具不完好，出现泄漏，发生燃烧和引起爆炸。

③ 在动火作业时，气割、气焊或是电焊，都要使金属在高温下熔化，熔化的液态金属到处飞溅，使周围的地漏、明沟、污油井、电缆沟以及取样点、排污点、泄漏点发生火灾、爆炸事故。

④ 气焊、气割时所使用的氧气瓶、乙炔瓶都是压力容器，设备本身具有较大的危险性，违反安全规定，使用不当，发生着火、爆炸事故。

⑤ 用电焊时，电焊机不完好或地线、把线绝缘不好，造成与在用设备、管线发生打火现象，焊工在附近其他设备、管线上引弧，造成设备、管线击穿，或使设备、管线损伤，甚至将接地线连接于在用管线、设备以及相连的钢结构上，留下隐患。

⑥ 用电时，电线或工具绝缘不好发生漏电，或焊工不穿绝缘鞋，在容器内部或潮湿环境作业，造成人员触电，或合闸时，保险熔断产生弧光烧伤皮肤等。

⑦ 监护人员脱离岗位或没有监护人，防范措施落实不到位，环境条件发生变化时，例如，在进行取样、排污或发生泄漏等情况下，没有及时停工，引发事故。

2. 禁火区划定条件

企业应根据火灾危险程度及生产、维修工作的需要，在厂区内划分固定动火区和禁火区。

（1）固定动火区

固定动火区为允许从事焊接、切割、使用喷灯和火炉作业的区域。设立固定动火区应符合下列条件。

① 距易燃易爆厂房、设备、管道等不能小于30m。

② 室内固定动火区应与危险源隔开，门窗要向外开，道路要通畅。

③ 生产正常放空或发生事故时，可燃气体不能扩散到固定动火区内；在任何

气象条件下，固定动火区内的可燃气体含量必须在允许含量以下。

④ 固定动火区要有明显标志，不准堆放易燃杂物，并配有适用的、数量足够的灭火器具。

⑤ 固定动火区的划定，应由车间（科室）申请，经防火、安全技术部门审查，报主管厂长或总工程师批准。

（2）禁火区

一般认为在正常或不正常情况下都有可能形成爆炸性混合物的场所和存在易燃、可燃化学物质的场所均应划为禁火区。通常厂内除固定动火区外，其他均为禁火区。

需要在禁火区动火时，必须申请办理动火安全作业许可证。禁火区内动火，应根据危险程度进行等级划分，并根据危险等级确定相应的动火审批人，以确保动火的严肃性。

3. 动火作业分类

动火作业分为特殊危险动火作业、一级动火作业和二级动火作业三类。

① 特殊危险动火作业。在生产运行状态下的易燃易爆物品生产装置、输送管道、储罐、容器等部位上及其他特殊危险场所的动火作业。

② 一级动火作业。在易燃易爆场所进行的动火作业。

③ 二级动火作业。除特殊危险动火作业和一级动火作业以外的动火作业。凡是厂、车间或单独厂房全部停产，装置经清洗置换，取样分析合格并采取安全隔离措施后，可根据其火灾、爆炸危险性大小，经厂安全管理部门批准，动火作业可按二级动火作业管理。遇节日、假日或其他特殊情况时，动火作业应升级管理。

4. 禁火区的管理

为了确保动火作业的安全，在禁火区动火，必须办理动火作业安全许可证，严格遵守动火的安全规定。

（1）动火作业的一般要求

动火作业安全许可证未经批准，禁止动火；不与生产系统可靠隔绝，禁止动火；设备不清洗、置换不合格，禁止动火；不消除周围易燃物，禁止动火；不按时进行动火分析，禁止动火；没有消防措施，禁止动火。动火时需做到以下几点。

① 按规定办理动火作业安全许可证的申请、审核和批准手续；按动火作业安全许可证的要求，认真填写和落实动火中的各项安全措施；必须在动火作业安全许可证批准的有效时间范围内进行动火工作；凡延期动火或补充动火都必须重新

办理动火作业安全许可证。

② 检查和落实动火的安全措施。凡是在储存、输送可燃气体、易燃液体的管道、容器及设备上动火，应首先切断物料来源，加堵盲板，与运行系统可靠隔离；还可将动火区与其他区域采取临时隔火墙等措施加以隔离，防止火星飞溅而引起事故。

③ 动火设备经清洗、置换后，必须在动火前半小时以内作动火分析。考虑到取样的代表性、分析化验的误差及测试分析仪器的灵敏度等因素，要留有一定的安全裕度。分析人员在动火作业安全许可证上填写分析结果并签字，方为有效。

④ 若分析时间与动火时间间隔半小时以上或中间休息后再动火，需重作动火分析。

⑤ 将动火现场周围 10m 范围内的一切易燃和可燃物质（溶剂、润滑油、可燃废弃物等）清除干净。

⑥ 动火地点应备有足够的灭火器材，设有看火人员，必要时消防车和消防人员应到动火现场做好准备，并保证动火期间水源充足，不得中断。动火完毕，应确认余火熄灭，不会复燃后方可离开现场。

⑦ 动火人员要有一定资格。动火作业应由经安全考试合格的人员担任，压力容器的补焊工作，应由锅炉压力容器焊工考试合格，并取得操作资质的工人进行。动火作业安全许可证由动火人随身携带，不得转让、涂改，动火人员到达动火地点时，需呈验动火作业安全许可证。

⑧ 焊割动火还必须同时符合焊接作业的有关规定。高处焊割作业要采取防止火花飞溅的措施，遇有 5 级以上大风时应停止作业。

⑨ 高处动火作业时，应戴安全帽、系安全带，遵守登高作业的安全规定。

⑩ 罐内动火时，还应同时遵守罐内作业的安全规定。

如在动火中如遇到生产装置紧急排空或设备、管道突然破裂而造成可燃物质外泄时，应立即停止动火，待恢复正常后，重新审批并分析合格后，方可继续动火。

（2）特殊动火作业的要求

① 油罐带油动火。若油罐内油品无法抽空，不得不带油动火时，除了上述动火的一般要求外，还应注意在油面以上不准带油动火。补焊前先进行壁厚的测定，补焊处的壁厚应满足焊接时不被烧穿的最小壁厚要求（一般 ≥ 3mm）。根据测得的壁厚确定合适的焊接电流值，防止因电流过大而烧穿。动火前用铅或石棉绳将裂缝塞严，外面用钢板补焊。

油管带油动火的要求基本与上述要求相同。带油动火补焊的危险性很大，只在特殊情况下才采用，除采取比一般动火更严格的安全措施外，还需选派经验丰富的人员担任，施焊要稳、准、快。焊接过程中，监护人员、扑救人员不得离开现场。

②带压不置换动火。对易燃、易爆、有毒气体的低压设备、容器、管道进行带压不置换动火，在理论上是允许的，只要严格控制焊补设备内介质中的含氧量，不形成达到爆炸范围的含量。在正压条件下外泄的可燃气体只燃烧不爆炸，即点燃可燃气体，并保证稳定的燃烧，就可控制燃烧过程，不致发生爆炸。现在这方面的技术与设备基本是成熟的。

带压不置换动火的危险性极大，一般情况下不宜采用。采用带压不置换动火时，应注意一些关键问题：补焊前和整个动火作业过程中，补焊设备或管道必须连续保持稳定的正压；一旦出现负压，空气进入焊补设备、管道，就将发生爆炸，必须保证系统内的含氧量低于安全标准（一般规定除环氧乙烷外，可燃气体中含氧量不超过1%为安全标准），即动火前和整个补焊作业中，都必须始终保持系统内含氧量≤1%，若含氧量超过此标准，应立即停止作业。

补焊前先测定壁厚，裂缝处其他部位的最小壁厚应大于强度计算所需的最小壁厚，并能保证补焊时不被烧穿；否则不准补焊。

5. 动火作业安全许可证的管理

动火作业安全许可证一般为两联，表7-5为动火作业安全许可证式样。

表7-5 动火作业安全许可证

动火审字第　　　号

申请单位		单位负责人	
单位地址		联系电话	
动火部位		动火方式	
动火时间		自　年　月　日　时　至　年　月　日　时	
操作人			
安全措施	①动火作业单位已采取了安全措施，保证动火作业期间的安全 ②动火作业单位承担因动火作业造成损失的责任 申请人签字：		
审批意见	审核人：　　　　批准人：　　　　动火人：		
作业安全规定	（1）八个"不动火"： ①防火、灭火措施未落实不动火 ②周围的杂物和易燃品、危险品未清除不动火 ③附近难以移动的易燃结构物未采取安全防范措施不动火 ④凡盛装过油类等易燃、可燃液体的容器、管道用后未清洗干净不动火 ⑤在进行高空焊割作业时，未清除地面的可燃物品及采取相应防护措施不动火		

作业安全规定	⑥储存易燃易爆物品的仓库、车间和场所未采取安全措施，危险性未拔除不动火 ⑦未配备灭火器材或器材不足不动火 ⑧现场安全负责人不在场不动火 （2）动火中"四要"： ①现场安全负责人要坚守岗位 ②现场安全负责人和动火作业人员要加强观察、精心操作，发现不安全苗头时，立即停止动火 ③一旦发生火灾或爆炸事故要立即报警和组织扑救 ④动火作业人员要严格执行安全操作规程 （3）动火后"一清"： 完成动火作业后，动火人员和现场责任人要彻底清理动火作业现场，并确认无误后才能离开
备注	①申请单位施工人员必须具备相关的施工人员上岗资格证明及消防上岗证 ②动火作业人员证件复印件粘贴在背面

（1）动火作业安全许可证的办理程序和使用要求

① 动火作业安全许可证由申请动火单位指定动火项目负责人办理。办证人应按动火作业安全许可证的项目逐项填写，不得空项，然后根据动火等级，按规定的审批权限办理审批手续，最后将办理好的动火作业安全许可证交动火项目负责人。

② 动火负责人持办理好的动火作业安全许可证到现场，检查动火作业安全措施落实情况，确认安全措施可靠，并向动火人和监火人交代安全注意事项后，将动火作业安全许可证交给动火人。

③ 一份动火作业安全许可证只准在一个动火点使用，动火后，由动火人在动火作业安全许可证上签字。如果在同一动火点多人同时动火作业，可使用一份动火作业安全许可证，但参加动火作业的所有动火人应分别在动火作业安全许可证上签字。

④ 动火作业安全许可证不准转让、涂改，不准异地使用或扩大使用范围。

⑤ 动火作业安全许可证一式两份，终审批准人和动火人各持一份存查。特殊危险动火作业安全许可证由主管安全防火部门存查。

（2）动火作业安全许可证有效期限

根据厂区动火作业安全规程规定，特殊危险动火作业的动火作业安全许可证和一级动火作业的动火作业安全许可证的有效期为24h，二级动火作业的动火作业安全许可证的有效期为120h。动火作业超过有效期限，应重新办理动火作业安全许可证。

6.动火作业安全许可证的审批

特殊危险动火作业的动火作业安全许可证由动火地点所在单位主管领导初审签字，经主管安全防火部门复审签字后，报主管厂长或总工程师终审批准。一级动火作业的动火作业安全许可证，由动火地点所在单位主管领导初审签字后，报主管安全防火部门终审批准。二级动火作业的动火作业安全许可证，由动火地点所在单位的主管领导终审批准。

7.职责要求

① 动火项目负责人。动火项目负责人对动火作业负全面责任，必须在动火作业前，详细了解作业内容和动火部位及周围情况，参与动火安全措施的制定、落实，向作业人员交代作业任务和防火安全注意事项；作业完成后，组织检查现场，确认无遗留火种后方可离开现场。

② 动火人。独立承担动火作业的动火人，必须持有特殊工种作业证，并在动火作业安全许可证上签字。若带徒作业时，动火人必须在场监护。动火人接到动火作业安全许可证后，应核对证上各项内容是否落实，审批手续是否完备，若发现不具备条件时，有权拒绝动火，并向单位主管安全防火部门报告。动火人必须随身携带动火作业安全许可证，严禁无证作业及审批手续不完备的动火作业。动火前（包括动火停歇期超过30min再次动火），动火人应主动向动火点所在单位当班班长呈验动火作业安全许可证，经其签字后方可进行动火作业。

③ 监火人。监火人应由动火点所在单位指定责任心强、有经验、熟悉工艺流程，并且了解介质的化学、物理性能，会使用消防器材、防毒器材的人员担任。必要时，也可由动火单位和动火点所在单位共同指派。新项目施工动火，由施工单位指派监火人。监火人所在位置应便于观察动火和火花溅落，必要时可增设监火人。

监火人负责动火现场的监护与检查，动火前要按照动火作业安全许可证，检查动火措施的落实情况，随时扑灭动火飞溅的火花；发现异常情况应立即通知动火人停止动火作业，及时联系有关人员采取措施。监火人必须坚守岗位，不准脱岗。在动火期间，不准兼做其他工作；在动火作业完成后，要会同有关人员清理现场，清除残火，确认无遗留火种后方可离开现场。

④ 动火部门负责人。动火单位班组长（值班长、工段长）为动火部位的负责人，应对所属生产系统在动火过程中的安全负责，并参与制定、负责落实动火安全措施，负责生产与动火作业的衔接，检查动火作业安全许可证。对审批手续不完备的动火作业安全许可证有制止动火作业的权力。在动火作业中，生产系统如出现紧急或异常情况，应立即通知停止动火作业。

⑤ 动火分析人。动火分析人应对动火分析手段和分析结果负责，根据动火地点所在单位的要求，亲自到现场取样分析，在动火作业安全许可证上，填写取样

时间和分析数据并签字。

⑥ 安全员。执行动火单位和动火点所在单位的安全员，应负责检查本标准执行情况和安全措施落实情况，随时纠正违章作业，特殊危险动火、一级动火，安全员必须到现场。

⑦ 动火作业的审查批准人。各级动火作业的审查批准人审批动火作业时必须亲自到现场，了解动火部位及周围情况，确定是否需做动火分析，审查并明确动火等级，检查、完善防火安全措施，审查动火作业安全许可证的办理是否符合要求。在确认准确无误后，方可签字批准动火作业。

第四节　锅炉压力容器安全技术与管理

一、锅炉压力容器安全技术

锅炉压力容器是锅炉与压力容器的全称，因为它们同属于特种设备，在生产和生活中占有很重要的位置。

压力容器由于密封、承压及介质等原因，容易发生爆炸、燃烧起火而危及人员、设备和财产的安全及污染环境的事故。目前，世界各国均将其列为重要的安检产品，由国家指定的专门机构，按照国家规定的法规和标准实施监督检查和技术检验。

1. 锅炉检验

为确保在用的锅炉、压力容器的可靠性和完好性，应根据法规和标准的要求，定期对锅炉和压力容器进行检验。

锅炉的定期检验包括：外部检验、内部检验和水压试验。定期检验由锅炉压力容器安全监察机构审查批准的检验单位进行。

（1）外部检验

外部检验是指锅炉运行状态下对锅炉安全状况进行的检验，锅炉的外部检验一般为一年。除正常外部检验外，当有下列情况之一时，也应进行外部检验：

① 装锅炉开始投运时；

② 锅炉停止运行一年以上恢复运行时；

③ 锅炉的燃烧方式和安全自控系统有改动后。

（2）内部检验

内部检验是指锅炉在停炉状态下对锅炉安全状况进行的检验，内部检验一般每两年进行一次检验。除正常内部检验外，当有下列情况之一时，也应进行内部检验：

① 安装的锅炉在运行一年后；

② 锅炉停止运行一年以上恢复运行；

③ 移装锅炉投运前；

④ 受压元件经重大修理或改造后及重新运行一年后；

⑤ 根据上次内部检验结果和锅炉运行情况，对设备的安全可靠性能怀疑时；

⑥ 根据外部检验结果和锅炉运行情况，对设备的安全可行性有怀疑时。

（3）水压试验

水压试验是指锅炉以水为介质，以规定的试验压力，对锅炉受压力部件强度和严密性进行的检验。水压试验一般每六年进行一次，对无法进行内部检验的锅炉，应每三年进行一次水压力试验。水压试验不合格的锅炉不得投入使用。

（4）锅炉检验的注意事项

① 锅炉检验前，使用单位应提前进行停炉、冷却、放出锅炉水；

② 检验时与锅炉相连的供汽（水）管道、排污管道、给水管道及烟、风道用金属盲板等可靠措施隔绝，金属盲板应有足够的强度并应逐一编号、挂牌；

③ 进入锅筒、容器检验前，应注意通风；检验时，容器外应有人监护；

④ 检验所用照明电源的电压一般不超过12V，如在比较干燥的烟道内并有妥善的安全措施，则可采用不高于36V的照明电压；

⑤ 燃料的供给和点火装置应上锁；

⑥ 禁止带压拆除连接部件；

⑦ 禁止自行以气压试验代替水压试验。

2. 锅炉的安全运行

① 检查准备。对新装、移装和检修后的锅炉，启动前应进行全面检查。为不遗漏检查项目，其检查应按照锅炉运行规程的规定逐项进行。

② 上水。上水水温最高不应超过90℃，水温与筒壁温度之差不超过50℃。对水管锅炉，全部上水时间在夏季不小于1h，在冬季不小于2h。冷炉上水至最低安全水位时应停止上水。

③ 烘炉。新装、移装、改造或大修后的锅炉，以及长期停用的锅炉，应进行烘炉以去除水分。严格执行烘炉操作规程，注意升温速度不宜过快，烘炉过程中经常检查炉墙有无开裂、塌落，严格控制烘炉温度。

④ 煮炉。新装、移装、改造和大修后的锅炉，正式投运前应进行煮炉。煮炉的目的是清除制造、安装、修理和运行过程中，产生和带入锅内的铁锈、油脂、污垢和水垢，防止蒸汽品质恶化以及避免受热面因结垢而影响传热。

煮炉一般在烘炉后期进行。煮炉过程中应检查锅炉各结合面有否渗漏，受热面能否自由膨胀。煮炉结束后应对锅筒、集箱和所有炉管进行全面检查，确认铁锈、油污是否去除，水垢是否脱落。

⑤ 点火与升压。一般锅炉上水后即可点火升压。点火方法因燃烧方式和燃烧设备而异。点火前，开动引风机给锅炉通风 5 ～ 10min，没有风机的可自然通风 5 ～ 10min，以清除炉膛及烟道中的可燃物质。汽油炉、煤粉炉点燃时，应先送风，之后点燃火炬，最后送入燃料。一次点火未成功需重新点燃火炬时，一定要在点火前给炉膛烟道重新通风，待充分清除可燃物之后再进行点火操作。

对于自然循环锅炉来说，其升压过程与日常的压力锅升压相似，即锅内压力是由烧火加热产生的，升压过程与受热过程紧紧地联系在一起。

⑥ 暖管与并汽

a. 暖管。用蒸汽慢慢加热管道、阀门等部件，使其温度缓慢上升，避免向冷态或较低温度的管道突然供入蒸汽，以防止热应力过大而损坏管道、阀门等部件；同时将管道中的冷凝水驱出，防止在供汽时发生水击。

b. 并汽。并汽也叫并炉、并列，即新投入运行锅炉向共用的蒸汽母管供汽。并汽前应减弱燃烧，打开蒸汽管道上的所有疏水阀，充分疏水以防水击；冲洗水位表，水位维持在正常水位线以下，使锅炉的蒸汽压力稍低于蒸汽母管内气压，缓慢打开主汽阀及隔绝阀，使新启动的锅炉与蒸汽母管连通。

3. 压力容器的检验

压力容器的定期检验包括：外部检查、内外部检验和水压试验。

（1）外部检查

外部检验是指在用压力容器运行中的定期在线检查，每年至少进行一次。外部检查可以由检验单位有资格的检验员进行，也可由经安全监察机构认可的使用单位压力容器专业人员进行。

（2）内外部检验

内外部检验是指在用压力容器停机时的检验。内外部检验应由检验单位有资格的检验员进行。压力容器投入使用后首次内外部检验周期一般为 3 年。内外部检验周期的确定，取决于压力容器的安全状况等级。当压力容器安全状况等级为 1、2 级时，每 6 年至少进行一次内外部检验；当压力容器安全状况等级为 3 级时，每 3 年至少进行一次内外部检验。

（3）耐压试验

耐压试验是指压力容器停机检验时，所进行的超过最高使用压力的液压试验或气压试验。对固定式压力容器，每两次内外部检验期间内，至少进行一次耐压试验；对移动式压力容器，每 6 年至少进行一次耐压试验。

4. 压力容器的安全运行

正确合理地操作和使用压力容器，是保证其安全运行的一项重要措施。对压力容器操作的基本要求如下。

① 平稳操作。平稳操作主要是指缓慢地进行加载和卸载，以及运行期间保持载荷的相对稳定。压力容器开始加压时，速度不宜过快，尤其要防止压力的突然升高，因为过高的加载速度会降低材料的断裂韧性，可能使存在微小缺陷的容器在压力的冲击下发生脆断。高温容器或工作温度在零度以下的容器，加热或冷却也应缓慢进行，以减小壳体的温度梯度。运行中更应该避免容器温度的突然变化，以免产生较大的温度应力。运行中压力频繁地或大幅度地波动，对容器的抗疲劳破坏是极不利的，因此应尽量避免压力波动，保持操作压力的稳定。

② 防止超载。由于压力容器允许使用的压力、温度、流量及介质充装等参数，是根据工艺设计要求和保证安全生产的前提下制定的，故在设计压力和设计温度范围内操作可确保运行安全。反之，如果容器超载超温超压运行，就会造成容器的承受能力不足，因而可能导致压力容器爆炸事故的发生。

③ 容器运行期间的检查。在压力容器运行过程中，对工艺条件、设备状况及安全装置等进行检查，以便及时发现不正常情况，采取相应的措施进行调整或消除，防止异常情况的扩大和延续，保证容器的安全运行。

④ 记录。操作记录是生产操作过程中的原始记录，操作人员应认真、及时、准确、真实地记录容器实际运行状况。

⑤ 紧急停止运行。运行中若容器突然发生故障，严重威胁安全时，容器操作人员应及时采取紧急措施，停止容器运行，并上报上级领导。

⑥ 维护保养。加强容器的维护保养，防止容器因被腐蚀而导致壁厚减薄，甚至发生断裂事故。具体措施为：容器在运行过程中保持完好的防腐层，经常检查防腐层有无自行脱落或装料，以及安装内部附件时被刮落或撞坏；控制介质含水量，经常排放容器中的冷凝水，消除产生腐蚀的因素；消灭容器的"跑、冒、滴、漏"等。

⑦ 停用期间的维护。容器长期或临时停用时应将介质排除干净，对于容器有腐蚀性介质，要经过排放、置换、清洗等技术处理。处理后应保持容器的干燥和洁净，减轻大气对停用容器的腐蚀。另外也可采用外表面涂刷油漆的方法，防止大气腐蚀。

二、锅炉压力容器安全管理

1. 锅炉运行管理

① 锅炉正常运行时，应根据实际情况随时调节水位、气压、炉膛负压，以及

进行除灰和排污工作。

② 加强水处理管理，按规定的时间间隔对水质进行监控。

③ 加强锅炉运行中的巡回检查，监视液位、压力波动，按规定频次吹灰和对水位计冲洗。

④ 做好运行记录，当出现故障时，还应将故障情况及处理措施予以记录。

2. 停炉的维护与保养

① 正常停炉。正常停炉指锅炉的有计划检修停炉。停炉时，要防止锅炉急剧冷却，当锅炉压力降至大气压时，开启放空阀或提升安全阀，以免锅筒内造成负压。停炉后应在蒸汽、给水、排污等管路中装置挡板，保证与其他运行中的锅炉可靠隔离。锅炉放水后，应及时清除受热面侧的污垢，清除各受热面烟气侧上的积灰和烟垢。根据停炉时间的长短确定保养方法。

② 紧急停炉。紧急停炉是当锅炉发生事故时，为了防止事故的进一步扩大而采取的应急措施。紧急停炉时，应按顺序操作，停止燃料供应，减少引风，但不允许向炉膛内浇水；将锅炉与蒸汽母管隔断，开启放空阀；当气压很高时，可手动提起安全阀放汽或开启过热器疏水阀，使气压降低。

因缺水事故而紧急停炉时，严禁向锅炉给水，并不得开启放空阀或提升安全阀排汽，以防止锅炉受到突然的温度或压力的变化而扩大事故。如无缺水现象，可采取进水和排污交替的降压措施。

因满水事故而紧急停炉时，应立即停止给水，减弱燃烧，并开启排污阀放水，同时开启主汽管、分汽缸上的疏水阀。

停炉后，开启省煤器旁路烟道挡板，关闭主烟道挡板，打开灰门和炉门，促使空气对流，加快炉膛冷却。

第五节 检修作业安全技术与管理

一、检修作业安全技术

检修就是对机器进行检查和维修，以确保正常运行和安全生产。

人们常常错误地认为，检修不会有什么大的危险。事实是很多事故发生在检修作业中。国内外因开、停机和检修作业而发生的事故很多，死亡率也很高。

1. 检修作业危险分析

由于检修作业项目多，任务重，时间紧，人员多，涉及面广，又是多工种同时作业，故而危险性比较大，往往存在火灾爆炸、中毒窒息、触电、高处坠落和物体打击、机械伤害等危险。

火灾爆炸是检修作业中常遇到的危险之一。检修作业中，特别是化工企业生产中，其原料和产品大多数具有易燃易爆、高温高压的特性，在检修时容易出现化学危险物品泄漏或在设备管道中残存，在试车阶段则可能在设备中残存或混入空气，形成爆炸性混合气体，一旦发生火灾往往火势迅猛，损失严重。

中毒窒息也是检修作业中经常遇到的危险。检修作业中，进入各类塔、球、釜、槽、罐、炉膛、锅筒、管道、容器地下室、阴井、地坑、下水道或其他封闭场所的情况较多，检修前没有制定相关设施、设备检修安全操作规程，也未制定安全防护措施，也没有对转岗和新上岗员工进行安全技术教育，员工对突发事故不能正确处理，从而引起事故甚至造成事故扩大。

触电是检修作业中最危险的因素。在检修作业中，由于安全预防措施没有做到位，引发的事故也是非常多的。例如，不做临时接地线，电线绝缘损坏，作业人员进入禁区而失去了间隔屏障，作业人员不穿绝缘鞋、不戴电焊手套等导致触电事故发生，或是检修电气设备、设施、排除电气故障作业，必须办理停电申请，有双路供电的要同时停电，停电后还要当场验电，做临时接地线、挂警示牌；带电作业或在带电设备附近工作时，应设监护人，监护人的安全技术等级应高于操作人，工作人员应服从监护人的指挥，监护人在执行监护时，不应兼做其他工作等，这些措施如果没有做或没有做到位，往往会引发检修触电事故的发生。

2. 检修作业前的准备要求

加强对检修的管理，在检修前做好相关的准备工作是非常重要的。制定好检修的方案和制定必要的安全措施是保障检修安全的重要环节。进行检修作业前，必须严格按规定办理和规范填写各种安全作业票证。坚持一切按规章办事，一切凭票证作业，这是控制检修作业的重要手段。检修前，加强对参加检修作业的人员进行安全教育是保障安全检修的重要工作。要重点对检修人员进行有关检修安全规章制度、检修作业现场和检修过程中可能存在或出现的不安全因素及对策，检修作业过程中个体防护用具和用品的正确佩戴和使用，以及对检修作业项目、任务、检修方案和检修安全措施等方面内容的教育。

检修前的准备工作是非常重要的，主要包括以下几方面。

① 根据设备检修项目要求，制定设备检修方案，落实检修人员、检修组织、安全措施。

② 检修项目负责人必须按检修方案的要求，组织检修人员到检修现场，交代清楚检修项目、任务、检修方案，并落实检修安全措施。

③ 检修项目负责人对检修安全工作负全面责任，并指定专人负责整个检修作业过程的安全工作。

④ 设备检修如需高处作业、动火、动土、断路、吊装、抽堵盲板、进入设备内作业等，必须按规定办理相应的安全作业证。

⑤ 设备的清洗、置换、检查由设备所在单位负责，设备清洗、置换后应有分析报告。检修项目负责人应会同设备技术人员、工艺技术人员检查并确认设备、工艺处理及盲板抽堵等符合检修安全要求。

3. 检修前的安全检查

检修前进行安全检查是保障作业条件和环境符合作业要求、发现和消除存在的危险因素的重要步骤。检查的重点内容一般包括以下方面。

① 对设备检修作业用的脚手架、起重机械、电气焊用具、手持电动工具、扳手、管钳、锤子等各种工器具，认真进行检查或检验，不符合安全作业要求的工器具一律不得使用。

② 对设备检修作业用的气体防护器材、消防器材、通信设备、照明设备等器材设备应经专人检查，保证完好可靠，并合理放置。

③ 对设备检修现场的固定式钢直梯、固定式钢斜梯、固定式防护栏杆、固定式钢平台、箅子板、盖板等进行检查，确保安全可靠。

④ 对设备检修用的盲板应按规定逐个进行检查，高压盲板，必须经探伤合格后方可使用。

⑤ 对设备检修现场的坑、井、洼、沟、陡坡等，应填平或铺设与地面平齐的盖板，设置围栏和警告标志，夜间应设警示红灯。

⑥ 对有化学腐蚀性介质或对人员有伤害介质的设备检修作业现场，确保有作业人员在沾染污染物后的冲洗水源。

⑦ 夜间检修的作业现场，应保证设有足够亮度的照明装置。

⑧ 需断电的设备，在检修前应确认是否切断电源，并经启动复查，确定无电后，在电源开关处挂上"禁止启动，有人作业"的安全标志及锁定。

⑨ 对检修所使用的移动式电气工器具，确保配有漏电保护装置。

⑩ 对有腐蚀性介质的检修场所，必须备有冲洗用水源。

⑪ 将检修现场的易燃易爆物品、障碍物、油污、冰雪、积水、废弃物等影响

检修安全的杂物清理干净。

⑫ 检查、清理检修现场的消防通道、行车通道，保证畅通无阻。

4. 检修作业现场的防火防爆要求

① 厂内严禁吸烟。

② 动火作业必须按危险等级办理相应的动火作业安全许可证。动火证只能在批准的期间和范围内使用，严禁超期使用。不得随意转移动火作业地点和扩大动火作业的范围，严格遵守一个动火点办一个动火证的安全规定。

③ 如需要进入设备容器内或必须在高处进行动火作业，除按规定办理动火证外，还必须按规定同时办理进塔入罐安全作业许可证或高处作业安全许可证。

④ 动火作业前，应检查电、气焊等动火作业所用工器具的安全可靠性，不得带病使用。

⑤ 使用气焊切割动火作业时，乙炔气瓶、氧气瓶不得靠近热源，不得放在烈日下暴晒，并禁止放在高压电源线及生产管线的正下方，两瓶之间应保持不小于5m 的安全距离，与动火作业点明火处均应保持 10m 以上的安全距离。

⑥ 乙炔气瓶、氧气钢瓶内气体均不得用尽，必须留有一定的余压。乙炔气瓶严禁卧放。

⑦ 需动火作业的设备、容器、管道等，应采取可靠的安全隔绝措施，如加上盲板或拆除一段管线，并切断电源，清洗置换，分析合格，符合动火作业的安全要求。

⑧ 动火作业时，必须遵守有关动火作业的安全管理规定。

⑨ 在高处进行动火作业，应采取防止火花飞溅的措施，5 级以上大风天气，应停止室外高处动火作业。

⑩ 严禁用挥发性强的易燃液体，如汽油、橡胶水等清洗设备、地坪、衣物等。

⑪ 禁止用氧气吹风、焊接，切割作业完毕后不得将焊（割）炬遗留在设备容器及管道内。

⑫ 动火作业结束后，动火作业人员应消除残火，确认无火种后方可离开作业现场。

5. 检修作业防中毒窒息安全要求

① 凡进入各类塔、釜、槽、罐、炉膛、管道、容器，以及地下室、窨井、地坑、下水道或其他封闭场所作业，均须遵守有关进入有限空间作业的规定。

② 未经处理的敞开设备或容器，应当作密闭容器对待，严禁擅自进入，严防中毒窒息。

③ 在进入设备、容器之前，该设备、容器必须与其他存有有毒、有害介质的设备或管道进行安全隔绝，如加盲板或断开管道，并切断电源，不得用其他方法如水封或阀门关闭的方法代替，并清洗置换，安全分析合格。

④ 若检修作业环境发生变化，检修人员感觉异常，并有可能危及作业人员人身安全时，必须立即撤出设备或容器。若需再进入设备或容器内作业时，须对设备或容器重新进行处理，重新进行安全分析，分析合格，确认安全后，检修项目负责人方可通知检修人员重新进入设备或容器内作业。

⑤ 进入设备或容器内作业应加强通风换气，必要时应按规定配备防护器材。

⑥ 谨防设备或容器内泄出有毒有害介质，必要时应增加安全分析项目，加强监护工作。

⑦ 作业人员必须会正确使用气体防护器材。

6. 检修作业防触电安全要求

① 电气设备检修作业必须遵守有关电气设备安全检修规定。

② 电气工作人员在电气设备上及带电设备附近工作时，必须认真执行工作票等制度，认真做好保证安全的技术措施和组织措施。

③ 不准在电气设备、线路上带电作业，停电后，应将电源开关处的熔断器拆下并锁定，同时挂上禁动牌。

④ 在停电线路和设备上装设接地线前，必须放电、验电，确认无电后，在工作地段两侧挂上接地线，凡有可能送电到停电设备和线路工作地段的分支线，也要挂地线。

⑤ 一切临时安装在室外的电气配电盘、开关设备，必须有防雨淋设施，临时电线的架设须符合有关安全规定。

⑥ 手持电动工具必须经电气作业人员检查合格后，贴上标记，方能投入使用，在使用中必须加设漏电保护装置。

⑦ 电焊机应设独立的电源开关和符合标准的漏电保护器。电焊机二次线圈及外壳必须可靠接地或接零，一次线路与二次线路须绝缘良好，并易辨认。一次线路中间严禁有接头。

⑧ 各单位应指定专人负责停送电联系工作，并办理停送电联系单。设备检修前必须联系电气车间彻底切断电源，严防倒送电。

⑨ 一切电气作业均应由取得特种作业证的电工进行，无证人员严禁从事电气作业。

⑩ 作业现场所用的风扇、空压机、水泵等的接地装置、防护装置须齐全良好。

7. 防高处坠落安全要求

① 高处作业前，必须按规定办理高处作业安全许可证，采取可靠的安全措施，指定专人负责，专人监护，各级审批人员严格履行审批手续。审批人员应赴高处作业现场检查确认安全措施后，方可批准。

② 严禁患有"高处作业职业禁忌证"的职工参与高处作业。

③ 高处作业用的脚手架的搭设必须符合规范，按规定铺设固定跳板，必要时跳板应采取防滑措施，所用材料须符合有关安全要求，脚手架用完后应立即拆除。

④ 高处作业所使用的工具、材料、零件等必须装入工具袋内，上下时手中不得持物，输送物料时应用绳袋起吊，严禁抛掷。易滑动或易滚动的工具、材料堆放在脚手架上时，应采取措施，防止坠落。

⑤ 登石棉瓦等轻型材料作业时，必须铺设牢固的脚手架，并加以固定，脚手架应有防滑措施。

⑥ 高处作业与其他作业交叉进行时，必须按指定的路线上下，禁止上下垂直作业，若必须垂直进行时，应采取可靠的隔离措施。

8. 防机械伤害安全要求

① 所有机械的传动、转动部分及机械设备易对人员造成伤害的部位均应有防护装置，没有防护装置不得投入使用。

② 机械设备启动前应事先发出信号，以提醒他人注意。

③ 打击工具的固定部位必须牢固，作业前均应检查其紧固情况，合格后方可投入使用。

9. 起重作业安全要求

① 起重机械、器具必须事先检查合格，起重作业过程中不应该有滑动倾斜现象。

② 当重物起吊悬空时，卷扬机前不得站人。

③ 正在使用中的卷扬机，如发现钢丝绳在卷筒上的绕向不正，必须停车后方可校正。

④ 卷扬机在开机前，应先用手扳动机器空转一圈，检查各零部件及制动器，确认无误后再进行作业。严禁超载使用。

10. 防中暑安全要求

① 各单位应备足防暑降温用品，以供检修人员使用，严防中暑。

② 各单位所供防暑降温饮料等应符合食品卫生标准，防止食物中毒或肠道疾

病的发生。

③ 在确保大修项目任务完成的前提下，各单位可自行调整作息时间，以避开高温。

11. 检修结束后的安全要求

① 检修项目负责人应会同有关检修人员，检查检修项目是否有遗漏，工器具和材料等是否遗漏。

② 检修项目负责人应会同设备技术人员、工艺技术人员，根据生产工艺要求检查盲板抽堵情况。

③ 因检修需要而拆移的盖板、篦子板、扶手、栏杆、防护罩等安全设施要恢复正常。

④ 检修所用的工器具应搬走，脚手架、临时电源、临时照明设备等应及时拆除。

⑤ 设备、屋顶、地面上的杂物、垃圾等应清理干净。

⑥ 检修单位会同设备所在单位和有关部门，对设备等进行压力试漏，调校安全阀、仪表和连锁装置，并做好记录。

⑦ 检修单位会同设备所在单位和有关部门，对检修的设备进行单体和联动试车，验收交接。

二、检修作业安全管理

1. 建立检修安全管理制度

由于检修作业的特殊性，加强对检修作业的管理是日常安全管理工作的重要内容，企业应建立检修安全管理制度，检修项目均应在检修前办理检修任务书，明确检修项目负责人，并履行审批手续，检修项目负责人必须按检修任务书要求，亲自或组织有关技术人员到现场向检修人员交底，落实检修安全措施，检修项目负责人对检修工作实行统一指挥、调度，确保检修过程的安全。只有把检修工作纳入到日常安全管理工作中，才能有效地控制事故的发生。

检修安全作业证制度是检修作业一项有效的管理制度，检修安全作业证一般由企业的设备管理部门负责管理，设备所在单位提出设备检修方案及相应的安全措施，并填写检修安全作业证相关栏目，检修项目负责单位提出施工安全措施，并填写检修安全作业证相关栏目。设备所在单位、检修施工单位对检修安全作业证进行审查，并填写审查意见，企业设备管理部门对检修安全作业证进行终审审批。

2.实行"三方确认"制度

"三方确认"制度，也是一种保证检修作业过程安全的工作方法，是对作业现场的设备状况采取静态控制、动态预防，切断、制止有可能诱发事故根源的工作程序。"三方"是指生产岗位员工、电工、检修工。生产岗位人员即生产班组的班组长或岗位设备主操作工，负责对检修方进行生产情况、作业环境的安全要求交底，主动联系、关闭或切断与待修设备相连通的电、水、气（汽）、料源，确认后悬挂"有人工作、禁止操作"的警示标牌；作业电工负责切断动力电源和操作电源，并分别挂上"有人工作、禁止合闸"的警示标牌，确保清理、检修设备处于无电状态；检修作业的负责人组织所有清理、检修人员，根据现场作业环境，做好清理、检修前的安全准备，即危险预知、事故应急预案、事故防范措施、应急处理等。"三方确认"制度主要包括以下内容。

① 清理、检修作业人员在接到清理、检修任务后，应持"三方确认"空白单，至被清理、检修岗位进行联络，被清理、检修岗位即生产运行岗位，接到需要清理、检修的部位后，联系电工对所要清理、检修的设备进行停电；三方同时确认确实已经停电，由电工挂上停电标志牌。

② 以岗位为主，检修作业人员为副，针对需要检修的设备，根据生产实际流程和各种物料，即水、气（汽）、料的来龙去脉，共同查找有可能存在的串料、串水、串气（汽）等问题，采取与有关人员联系，停料、水、气（汽），挂牌，必要时加隔离板等预防措施。措施执行以后，双方共同确认所做的措施是否完善，有无差错和遗漏，并做好记录。对于大型的检修作业，单位第一负责人要亲自组织确认。

③ 确认后三方须在"三方确认"单上填写确认时间、工作人员姓名等。三方安全确认结束，即清理、检修作业前的防范措施到位后，清理、检修作业区的安全作业由清理、检修方负责。需要返工时，必须重新进行三方联络挂牌确认，重新制定安全防范措施，且措施到位后方可返工。

④ 三方确认完毕，措施到位，分别由生产人员、停电人员和清理、检修负责人，填写"检修作业三方安全确认单"（表7-6），签字生效。工作结束，清理、检修负责人通知生产岗位人员验收，验收合格，由生产岗位人员通知电工送电，并依次签写工作完毕确认单，存档备案。

"三方确认"制度的实施，不管从职工的操作安全上，还是在设备的维护上，都起到了很好的推进作用。明确了作业者的责任，实现了作业之间互保和联保，降低了事故的发生率。

表 7-6　检修作业三方安全确认单

作业名称			作业地点		
参加人员					
作业时间		年　月　日　时至　年　月　日　时			
安全确认内容		（1）现场作业环境已安全交底；切断与待修设备相连通的水、料、气（汽）、电源，挂警示标牌，必要时要加装盲板			
		（2）检修方已做好危险预知，开展好危险预案，制定作业方案，落实安全措施；待修设备已处于安全状态			
		（3）其他需要补充的内容			
工作前	生产人员	岗位：	签字		月　日　时　分
	停电人员	停电：	签字：		月　日　时　分
	检修负责人	单位：	签字：		月　日　时　分
工作完	检修负责人	单位：	签字：		月　日　时　分
	验收人员	单位：	签字：		月　日　时　分
	送电人员	送电：	签字：		月　日　时　分
备注					

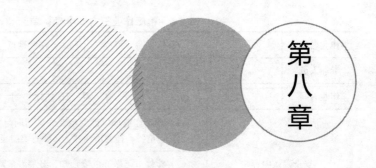

第八章

传染性疾病的防治

　　传染性疾病是职场的一大威胁，有些严重疾病
会导致工厂被迫停工，严重影响生产效率和效益。
　　作为班组长，必须对常见传染性疾病有所了
解，才能更好地应对疾病类突发事件。

第一节　什么是传染性疾病

一、传染性疾病的概念

传染性疾病简称传染病，是由各种病原体引起的能在人与人、动物与动物或人与动物之间相互传播的一类疾病。

病原体中大部分是微生物，小部分为寄生虫，寄生虫引起者又称寄生虫病。

有些传染病，防疫部门必须及时掌握其发病情况，及时采取对策，因此发现后应按规定时间及时向当地防疫部门报告，称为法定传染病。

传染病的表现虽然多种多样，但也具有一些共同特性。

① 传染病是由病原微生物引起的。传染病是在一定环境条件下由病原微生物与机体相互作用引起的，每一种传染病都有其特异的致病微生物。

② 传染病具有传染性和流行性。病原微生物能在患者体内增殖并不断排出体外，通过一定的途径再感染其他易感人群，而引起具有相同症状的疾病。这种使疾病不断向周围散播传的现象，是传染病与非传染病区别的一个重要特征。在一定地区和一定时间内，传染病在易感人群中从个体发病扩展到整个群体感染发病的过程，便构成了传染病的流行。

③ 感染者机体可出现特异性的免疫学反应。在传染发展过程中由于病原微生物的抗原刺激作用，被感染的机体可以产生特异性抗体和变态反应等。这种改变可以通过血清学试验等方法检测，因而有利于病原体感染状态的确定。

④ 耐过人群能获得特异性免疫。人耐过传染病后，在大多数情况下均能产生特异性免疫，使机体在一定时期内或终生不再感染该种传染病。被感染者有一定的临床表现，大多数传染病都具有其明显的或特征性的临床症状，而且在一定时期或地区范围内呈现群发性疾病的表现。

⑤ 传染病的发生具有明显的阶段性和流行规律。大多数传染病在群体中流行时通常具有相对稳定的病程和特定的流行规律。

二、传染性疾病的分类

① 目前我国共有 41 种法定传染病，甲类 2 种，乙类 27 种，丙类 12 种。

a. 甲类传染病也称为强制管理传染病，2 种：鼠疫、霍乱。

b. 乙类传染病也称为严格管理传染病，27 种：新型冠状病毒感染、传染性非典型性肺炎、人感染高致病性禽流感、病毒性肝炎、细菌性和阿米巴痢疾、伤寒和副伤寒、艾滋病、淋病、梅毒、脊髓灰质炎、麻疹、百日咳、白喉、新生儿破伤风、流行性脑脊髓膜炎、猩红热、流行性出血热、狂犬病、钩端螺旋体病、布鲁菌病、炭疽、流行性乙型脑炎、肺结核、血吸虫病、疟疾、登革热、人感染 H7N9 禽流感。

c. 丙类传染病也称为监测管理传染病，12 种：流行性和地方性斑疹伤寒、黑热病、丝虫病、棘球蚴病、麻风病、流行性感冒、流行性腮腺炎、风疹、急性出血性结膜炎，以及除霍乱、痢疾、伤寒和副伤寒以外的感染性腹泻病、手足口病、甲型 H1N1 流感。

② 《传染病防治法》规定，对乙类传染病中的新型冠状病毒感染、传染性非典型肺炎、炭疽中的肺炭疽和人感染高致病性禽流感，采取传染病防治法称甲类传染病的预防、控制措施（乙类甲管）。

第二节 / 传染病的预防原则

国家对传染病防治实行预防为主的方针，防治结合、分类管理、依靠科学、依靠群众的原则。

一、传染病的传播途径

传染病能够在人与人之间或人与动物之间相互传播并广泛流行，传染病的传染需要一定的途径，需要一定的基本条件，包括：

① 有传染源：指病原体已在体内生长繁殖并能将其排出体外的人或动物。

② 有传播途径：指病毒微生物离开传染源到达另一个易感者的途径，如呼吸道、消化道、接触、虫媒、血液、体液等。

③ 有易感人群：指对某种传染病缺乏特异性免疫力的人。在普遍推行人工自动免疫的干扰下，可使传染病不再发生。

通常这种疾病可借由直接接触已感染个体、感染者的体液及排泄物、感染者所污染到的物体来传播，可以通过空气传播、水源传播、食物传播、接触传播、土壤传播、垂直传播（母婴传播）、体液传播、粪口传播等。

根据传染病的主要传播途径，分为以下几类：

① 肠道传染病：霍乱（二号病）、痢疾、伤寒、甲肝、戊肝、脊髓灰质炎（小儿麻痹症）、感染性腹泻等；

② 呼吸道传染病：传染性非典型肺炎、肺结核、流行性感冒、麻疹、流脑、流行性腮腺炎、百日咳、白喉、猩红热、风疹等；

③ 血源性传染病：乙肝、丙肝、丁肝、艾滋病等；

④ 虫媒传播及自然疫源性传染病：鼠疫、狂犬病、钩端螺旋体、乙脑、疟疾、登革热、黑热病等；

⑤ 其他：炭疽、布鲁氏菌病、急性出血性眼结膜炎（红眼病）等。

二、传染病防治原则

（1）切断传染源

传染病必须有它的传染源头，才能传染到其他地方，所以要把传染病扼杀在摇篮里面，就一定要切断传染源。比如最开始爆发的传染病，这个时候我们就一定要把这些传染病人隔离起来，不能把这些传染病再去传染给其他人。

（2）切断传播途径

传播途径有很多种，有的是通过唾液等分泌物，有的是通过呼吸道来传播，还有的是通过接触传播。每种病都有它的不同的传播途径，所以我们只有知道那些传染病都是通过什么途径来传播的，才能切断它的传播途径。比如艾滋病，艾滋病通过性传播、血液传播或者是母婴传播，所以应避免让自己感染艾滋病。

（3）保护易感人群

所谓的易感人群就是抵抗力低下的人群。比如在冬天流感爆发时期，一般抵抗力低下或者是婴幼儿就比较容易受感染。那个时候我们出门在外的时候尽量戴口罩，对于那些抵抗力差的人就尽量不要去那些公众的场所了。

第三节 / # 传染性疾病的防控措施

一、传染病防控的基本措施

无论何种传染病流行，必须具备三个相互联系的条件，即传染源、传播途径和易感人群。这三个条件被称为传染病的三个基本环节，当这三个条件同时存在并相互联系时，就会造成传染病的流行，缺一都难以发生流行。

预防传染病要注意以下几点：

① 要注意个人卫生和防护，切断传染途径。饭前便后以及外出归来一定要洗手；勤换、勤洗、勤晒衣服和被褥，不随地吐痰。保持办公地点以及家中室内外空气流通，家中备用一些常用的消毒剂，定期对室内表面进行消毒。少去人员密集的公共场所，如农贸市场、电影院、游艺活动场所等。

② 要注意加强体育锻炼，增强对传染病的抵抗力。春天，人体的各个器官、组织、细胞的新陈代谢开始旺盛起来，正是运动锻炼的大好时机，应多到郊外、户外呼吸新鲜空气，并选择适合自己的运动项目。在锻炼的时候，要注意根据气候变化，避开晨雾风沙，合理安排运动量。另外，要合理安排好作息，做到生活规律，劳逸结合。

③ 要注意合理饮食，提高自我防病能力。冬春季尤其北方多风、干燥、阴冷，人们易得感冒及各种呼吸道传染病，因此饮食上不宜太过辛辣，不宜过食油腻，要多饮水，摄入足够的维生素，多食富含优质蛋白、糖类及微量元素的食物，如瘦肉、禽蛋、大枣、蜂蜜、新鲜蔬菜、水果等，确保营养均衡。同时要拒绝生吃各种海产品和肉食及野生动物，拒绝暴饮暴食，杜绝酗酒、吸烟。

④ 搞好环境卫生，消灭传播疾病的蚊、蝇、鼠、蟑螂等害虫。

⑤ 传染病患者要早发现、早报告、早诊断、早隔离、早治疗，防止交叉感染。

⑥ 传染病患者接触过的用品及居室要严格消毒。

二、工厂传染性疾病防控制度

① 及时组织工厂所有员工到所在地医院进行健康体检，取得《健康证》后方可上岗作业，不得聘用无《健康证》人员，并建立工厂现场作业人员健康登记制度。

② 建立健全工作领导协调机制，建立以工厂负责人为组长的传染性疾病预防工作领导小组。

③ 加强宣传教育工作，切实提高员工自我防护意识，通过讲座和发放宣传册等形式在员工中普及传染性疾病防治知识，各班组要配备兼职传染性疾病知识宣传员，利用业余时间在员工中开展传染性疾病预防讲座。

④ 公司每月对各作业班组进行一次传染性疾病防治工作情况检查。

⑤ 对防治工作不落实、造成疫情发生的，实行一票否决制，取消评优资格。

⑥ 严格执行疫情报告制度，发现员工患有法定传染病时，车间必须在2小

时内向主管部门和卫生防疫部门报告，由卫生防疫部门进行处置，并积极配合处理。

⑦ 制定传染病、食品卫生等管理制度、防病措施和灭四害卫生措施，定期进行自检，及时消除卫生防病安全隐患，保证各项防疫措施的落实。

⑧ 建有食堂的工厂必须到有关部门办理"卫生许可证"，炊事员须经体检、培训合格，取得"健康证"后方可上岗；食堂内外必须符合卫生要求，坚持生熟分开，加工食品要烧熟煮透，不得加工制作冷荤凉菜，从正规渠道采购食材，严禁使用工业用粮、油、盐、碱；外购快餐盒饭的单位，必须从有卫生许可证的送餐单位订购。

⑨ 工厂建立建筑面积大于 9 平方米的医务室，配置桌椅、药箱、担架、氧气袋、常用药品等，医务人员要定期到基层巡视，做好健康教育，做好食堂和饮用水卫生管理。公司定期对员工宿舍、食堂、生活饮用水进行监督检查指导。

⑩ 各车间、班组要严格遵守《中华人民共和国传染病防治法》《中华人民共和国食品卫生法》及其他相关法律法规，严防传染病疫情和食物中毒事故的发生，确保员工健康安全；对违反上述规定者，严肃处罚。

⑪ 大力开展卫生法律法规和预防传染病、食物中毒为重点内容的宣传教育工作，不断增强员工卫生意识、法律意识和自我保护意识，做到人人懂法、守法，增强各级管理人员的责任心，切实维护员工的合法权益，维护社会稳定。

三、肠道传染病的防控

1. 肠道传染病一般性防控措施

预防肠道传染病的关键是把好"病从口入"这一关，要注意饮食和饮水卫生，养成良好的卫生习惯，做好预防工作。

① 积极开展爱国卫生运动，加强对粪便、垃圾和污水的卫生管理，发动群众灭蝇、灭蟑螂。

② 注意饮食卫生。不吃腐烂变质食物，生吃蔬菜、瓜果一定要洗烫，剩饭、剩菜要煮后再吃，食具要经常消毒。饮食服务行业、食品加工销售单位和集体食堂，要认真执行食品卫生法。

③ 搞好饮水卫生。不喝生水，喝开水。保护好水源，严防污染。饮水用具要定期消毒，保证饮水卫生。

④ 讲究个人卫生。养成饭前便后洗手的习惯。常剪指甲、勤换衣服。食堂、饮食业工作人员更要讲究个人卫生，定期体格检查，发现有传染病，应及时调离

工作岗位。

2. 细菌性痢疾

【主要症状】

普通型（典型）：一般发病急，39℃以上高热，接着出现腹痛、腹泻，疾病初始时大便为稀便或水样便，以后大便次数逐渐增多，但便量是逐渐减少的，并且慢慢地转变为黏液便或脓血便，一般每日大便次数为 10～20 次，严重者可达每日 20～30 次，大便时有下坠感、排便不尽感明显，经过治疗，症状一般一周左右便可得到控制，整个病程为 1～2 周的时间。

轻型：一般会有低热、水样便或者糊状便，可能有少量黏液，没有脓血，一般每日大便 10 次以下。全身中毒症状、腹痛、里急后重感均不明显，粪便镜检有红、白细胞，培养菌有痢疾杆菌生长。一般病程时间为 3～6 天。

重型：一般有严重全身中毒症状及肠道症状。高热、恶心、呕吐、剧烈腹痛、里急后重明显、脓血便、大便失禁。起病急，进展快，失水明显，四肢发冷，容易发生休克。

中毒型：中毒型好发于 2～7 岁的儿童。起病十分急骤，由于痢疾杆菌内毒素的作用而使全身中毒症状特别明显，高热可达 40℃，但是肠道炎症反应极轻甚至没有。

【传播途径】

细菌性痢疾的传播方式最主要的就是粪口传播，口中吃进了含有痢疾杆菌的食物。

【防控方法】

① 讲究个人卫生，喝开水不喝生水，用消毒过的水洗瓜果蔬菜和碗筷及漱口。

② 饭前便后要洗手，不要随地大小便；剩饭菜要加热后食用；做到生熟分开，防止苍蝇叮爬食物。

③ 尽量避免人流聚集场所，得病后要及时就医治疗。

④ 养成良好的生活习惯，不暴饮暴食，避免劳累，以免诱发慢性菌痢急性发作。

3. 感染性腹泻

【主要症状】

腹泻通常定义为 24 小时排未成形大便≥3 次，或每天排出未成形粪便的总量超过 250 克。

粪便的性状可为稀便、水样便、黏液便、脓血便或血样便。同时可伴有腹痛、恶心、呕吐、腹胀、食欲不振、发热及全身不适等。病情严重者，可以因大量丢失水、电解质而引起脱水、电解质紊乱甚至休克。根据发病机制分为分泌性腹泻与炎症性腹泻。

（1）分泌性腹泻

分泌性腹泻指病原体或其产物作用于肠上皮细胞，引起肠液分泌增多和 / 或吸收障碍而导致的腹泻。患者一般不伴有发热、腹痛，粪便性状为稀便或水样便，粪便的显微镜检查多无细胞，或可见少许红、白细胞。属于此类腹泻的除霍乱外，还有肠产毒性大肠杆菌肠炎，致泻性弧菌肠炎，非 O1/ 非 O139 霍乱弧菌肠炎，诺如、轮状等病毒肠炎，贾第鞭毛虫、隐孢子虫肠炎，以及常以食物中毒形式出现的蜡样芽孢杆菌腹泻、金黄色葡萄球菌腹泻等。

（2）炎症性腹泻

炎症性腹泻是病原体侵袭上皮细胞，引起炎症而致的腹泻，常伴有发热，腹痛、里急后重，粪便多为黏液便或黏液血便，粪便的显微镜检查见有较多的红、白细胞，属于此类感染性腹泻的除细菌性痢疾外，还有侵袭性大肠杆菌肠炎、肠出血性大肠杆菌肠炎、弯曲菌肠炎、小肠结肠炎耶尔森氏菌肠炎、艰难梭菌性肠炎等。体格检查：应注意中毒征象、精神状态（中毒性菌痢、产志贺毒素大肠杆菌感染）、脱水体征和提示性腹部体征。

【传播途径】

主要通过水、食物、手和其他日常生活接触，经粪口途径传播。但也有报告称，诺如病毒也可通过呼吸道传播。

【防控方法】

治疗原则：纠正水和电解质紊乱，继续饮食，合理用药。

（1）饮食治疗

急性感染性腹泻患者一般不需禁食（严重呕吐者除外），口服补液疗法或静脉补液开始后 4h 应恢复进食，少吃多餐（建议每日 6 餐），进食少油腻、易消化、富含微量元素和维生素的食物，尽可能增加热量摄入。避免进食罐装果汁等，以免加重腹泻。

（2）补液治疗

成人急性感染性腹泻患者，应尽可能鼓励其接受口服补液盐治疗，但有下述情况应采取静脉补液治疗：

①频繁呕吐，不能进食或饮水者；

②高热等全身状况严重，尤其是伴意识障碍者；

③严重脱水、循环衰竭伴严重电解质紊乱和酸碱失衡者；

④其他不适合口服补液治疗的情况。脱水引起休克者的补液应遵循"先快后慢、先盐后糖、先晶体后胶体、见尿补钾"的原则。

（3）止泻治疗

① 肠黏膜保护剂和吸附剂蒙脱石、果胶和活性炭等，有吸附肠道毒素和保护肠黏膜的作用。

② 益生菌不仅对人体健康有益，还可以用于治疗腹泻病，能有效减少AAD的发生，能显著降低艰难梭菌感染。益生菌尽可能避免与抗菌药物同时使用。

（4）抑制肠道分泌

① 次水杨酸铋，抑制肠道分泌，减轻腹泻患者的腹泻、恶心、腹痛等症状。

② 脑啡肽酶抑制剂，减少肠道水和电解质的过度分泌。

（5）肠动力抑制剂

洛哌丁胺、地芬诺酯。感染性腹泻不推荐使用。

（6）病原治疗

① 抗感染药物应用原则。急性水样泻患者，排除霍乱后；多为病毒性或产肠毒素性细菌感染，不应常规使用抗菌药物；轻、中度腹泻一般不用抗菌药物。

以下情况考虑使用抗感染药物：

a.发热伴有黏液脓血便的急性腹泻；

b.持续的志贺菌、沙门菌、弯曲菌感染或原虫感染；

c.感染发生在老年人、免疫功能低下者、败血症患者或有假体者；

d.中、重度的旅行者腹泻。

② 抗菌药物的选择应用。使用抗菌药物前应首先行粪便细菌培养和药敏，若无结果，则行经验性抗菌治疗。

喹诺酮类药物为首选抗菌药物，复方磺胺甲恶唑为次选。鉴于细菌对喹诺酮类耐药情况越来越严重，对于严重感染者，以及免疫功能低下者的腹泻，在获得细菌培养结果并对大环内酯类敏感的患者，可以考虑使用阿奇霉素。如48h后病情未见好转，则考虑更换其他抗菌药物。利福昔明是一种广谱、不被肠道吸收的抗菌药物，亦可选用。

CDI的治疗：甲硝唑是轻中型CDI治疗的首选药物，对于重型CDI，或甲硝唑治疗5～7天失败的患者应改为万古霉素治疗。

③ 病毒性腹泻的病原学治疗一般不用抗病毒药物和抗菌药物。硝唑尼特对病毒性腹泻有一定治疗作用。

④ 急性寄生虫感染性腹泻的治疗：

a.贾第虫病，可使用替硝唑或甲硝唑；

b.急性溶组织内阿米巴肠病，使用甲硝唑或替硝唑，随后加用巴龙霉素或二氯尼特；

c.隐孢子虫病，使用螺旋霉素。

（7）中医药治疗

盐酸黄连素对改善临床症状和缓解病情有一定效果。

四、呼吸道传染病的防控

1. 新型冠状病毒感染

【主要症状】

① 无症状患者。少数人感染后不发病，仅可在呼吸道中检测到病毒。

② 一般症状患者。以发热、乏力、干咳为主要症状。少数伴有鼻塞、流涕、腹泻等症状。

③ 轻症患者。仅表现为低热、轻微乏力等，无肺炎表现。

④ 重症患者。多在发病 1 周后出现呼吸困难和 / 或低氧血症，严重者快速进展为急性呼吸窘迫综合征、脓毒症休克、难以纠正的代谢性酸中毒和出凝血功能障碍等情况。

【传播途径】

新冠肺炎传播途径主要为直接传播、气溶胶传播和接触传播。直接传播是指患者喷嚏、咳嗽、说话的飞沫，呼出的气体近距离直接吸入导致的感染；气溶胶传播是指飞沫混合在空气中，形成气溶胶，吸入后导致感染；接触传播是指飞沫沉积在物品表面，接触污染手后，再接触口腔、鼻腔、眼睛等黏膜，导致感染。

【防控方法】

（1）出门佩戴口罩，及时更换口罩

对于个人预防来说，出门佩戴口罩是必要的，口罩可以选择医用外科口罩或者 N95；口罩需要使用正确，浅色在内，深色在外，金属条在上；口罩正常情况，每 4 个小时需要及时更换一次。

（2）勤洗手，确保手卫生

要勤洗手，洗手需要使用肥皂或者消毒洗手液，这样可以避免接触感染，尤其是在接触了扶手、按了电梯的按钮等情况下，都是需要及时洗手的，在戴口罩前也是需要先洗手，这个大家不要忘记。

（3）确保与他人的距离

由于气溶胶传播的途径出现，个人在预防上就需要特别注意与他人的距离，一般最好控制在 1.5 米以上，确保足够的安全距离，而且如果遇到未戴口罩的人，最好及时离开，不要与之接触，这样才能更好地预防新型冠状病毒感染。

2. 非典型肺炎

【主要症状】

起病急，以发热为首发症状，体温一般超过38℃，可伴有畏寒、关节酸痛、肌肉酸痛、乏力、腹泻，一般无鼻塞、流涕，可有咳嗽，多为干咳，少痰，可有胸闷，严重者出现呼吸加速或呼吸困难。

【传播途径】

与患者近距离接触而传播，亦可经接触患者的痰、气管分泌物、粪便或被其污染的物品传播。

【防控方法】

生活、工作场所保持通风；注意个人卫生，勤洗手（用肥皂、洗手液、流水洗）；不与患者或疑似患者接触。

3. 流行性感冒

【主要症状】

起病急，畏寒发热，头痛，全身乏力、酸痛，体质较弱的患者如老人、儿童可出现肺炎、剧烈咳嗽、呼吸急促。

【传播途径】

主要经飞沫传播。

【防控方法】

搞好环境卫生，保持室内通风，尽量避免到人多拥挤的公共场所，不与患者接触；养成良好的个人卫生习惯，勤洗手；加强锻炼，在每天洗脸时用冷水刺激鼻部，可以提高抵抗力，增加对寒冷的适应能力。接种流感疫苗。

4. 禽流感

【主要症状】

早期症状：发热，体温大多持续在39℃以上，热程1～7天，一般为3～4天，可伴有流涕、鼻塞、咳嗽、咽痛、头痛和全身不适，部分患者可有恶心、腹痛、腹泻、稀水样便等消化道症状。

晚期症状：病情发展迅速，可出现肺炎、急性呼吸窘迫综合征、肺出血、胸腔积液、全血细胞减少、肾衰竭、败血症、休克及 Reye 综合征等多种并发症。

【传播途径】

主要经呼吸道传播，通过密切接触感染的禽类及其分泌物、排泄物，受病毒污染的水等，以及直接接触病毒毒株被感染。在感染水禽的粪便中含有高浓度的病毒，并通过污染的水源由粪口途径传播流感病毒。

【防控方法】

① 要注意个人卫生，勤洗手，尤其在接触禽畜后要注意洗手，并做好个人防护。

建议：用流动水源，使用皂液更能有效去除手上的污染物和病原菌。

② 尽可能减少与禽畜不必要的接触，特别注意尽量避免接触病死禽畜，接触是关键的传染源。

③ 外出游玩在游览区应尽量避免接触野生禽鸟或进入野禽栖息地。

到农家乐游玩，不要自己屠宰禽畜，并远离屠宰现场。

④ 生熟食物要分开处理，食用禽肉、蛋时要充分煮熟。

当手部有破损处理禽畜肉类时，一定要佩戴手套。

⑤ 出现打喷嚏、咳嗽等呼吸道感染症状时，要用纸巾、手帕掩盖口鼻，预防感染他人。

出现发热、咳嗽、咽痛、全身不适等症状时，应戴上口罩。

5. 流脑

【主要症状】

起病急，高热，剧烈头痛，呕吐，皮肤黏膜出现瘀点瘀斑，少数严重患者可出现休克、昏迷甚至死亡。

【传播途径】

主要通过咳嗽、喷嚏等经飞沫直接从空气传播。

【防控方法】

接种流脑疫苗；搞好环境卫生，保持室内通风，尽量避免到人多拥挤的公共场所，不与患者接触。

6. 麻疹

【主要症状】

发热，全身不适，食欲减退，咳嗽，打喷嚏，流涕，眼结膜充血、畏光、流泪，口腔黏膜出斑，皮肤出疹等。

【传播途径】

主要通过飞沫直接传播。

【防控方法】

接种麻疹疫苗；搞好环境卫生，保持室内通风，尽量避免到人多拥挤的公共场所，不与患者接触。

五、血源性传染病的防控

1. 一般性血源性传染病的防控方法

① 接种甲、乙肝疫苗可有效预防甲、乙肝。

② 养成良好卫生习惯，饭前便后洗手，不吃生、冷、变质食物，生食、熟食要分开存放，剩饭菜要热透（尤其是热天），不随便到不卫生的摊点、饮食店就餐，防止病从口入。

③ 使用一次性注射器，不与他人共用针头（包括针灸）；尽量避免输血和使用血液制品；患乙肝或携带乙肝病毒的妇女分娩时应加强对婴儿的防护，避免传给孩子，新生儿生下24小时内注射乙肝高效价免疫球蛋白；不接触患者的血液及被血液污染的物品；不与患者共用食具、洗刷用具、剃须刀等。

2. 艾滋病

【主要症状】

① 一般症状：持续发热、虚弱、盗汗，持续广泛性全身淋巴结肿大。特别是颈部、腋窝和腹股沟淋巴结肿大更明显。淋巴结直径在1厘米以上，质地坚实，可活动，无疼痛。体重下降在3个月之内可达10%以上，最多可降低40%，患者消瘦特别明显。

② 呼吸道症状：长期咳嗽、胸痛、呼吸困难，严重时痰中带血。

③ 消化道症状：食欲下降、厌食、恶心、呕吐、腹泻，严重时可便血。通常用于治疗消化道感染的药物对这种腹泻无效。

④ 神经系统症状：头晕、头痛、反应迟钝、智力减退、精神异常、抽搐、偏瘫、痴呆等。

⑤ 皮肤和黏膜损害：单纯疱疹、带状疱疹、口腔和咽部黏膜炎症及溃烂。

⑥ 肿瘤：可出现多种恶性肿瘤，位于体表的卡波济肉瘤可见红色或紫红色的斑疹、丘疹和浸润性肿块。

【传播途径】

性接触、血液和母婴。

【防控方法】

目前尚无预防艾滋病的有效疫苗，因此最重要的是采取预防措施。其方法是：

① 坚持洁身自爱，不卖淫、嫖娼，避免高危性行为。

② 严禁吸毒，不与他人共用注射器。

③ 不要擅自输血和使用血制品，要在医生的指导下使用。

④ 不要借用或共用牙刷、剃须刀、刮脸刀等个人用品。

⑤ 使用安全套是性生活中最有效的预防性病和艾滋病的措施之一。

⑥ 要避免直接与艾滋病患者的血液、精液、乳汁接触，切断其传播途径。

3. 乙型肝炎

【主要症状】

肝区不适，隐隐作痛，全身倦怠，乏力，食欲减退，恶心，厌油，腹泻。

【传播途径】

（1）母婴传播

母婴传播是最重要的传播途径，母亲是家庭聚集的主体，我国有 30%～50% 的乙肝患者是母婴传播所致，成人肝硬化、肝癌 90% 以上是婴幼儿时期感染上乙肝病毒（HBV）的。

乙肝患者的体液具有传染性，体液具体包括精液、阴道的液体、乳汁、血液、淋巴液、脑脊髓的液体、肺腔的液体、腹膜的液体、关节的液体、羊水等。而人的呼吸道、消化道、泪腺、尿道等由孔道直接与外界相连，储存的体液也直接和外界接触，所以这些液体一般不称为体液，而称为外界溶液。

（2）父婴传播

乙肝的父婴传播主要是孩子出生后，由于孩子对乙肝病毒的免疫力缺乏，通过生活中的密切接触，感染乙肝病毒，这种感染方式，称之为水平传播。父婴生活中密切接触感染乙肝病毒一般需要两个必要条件：

① 孩子的机体免疫系统不健全，或孩子继承了他们对乙肝病毒免疫的缺陷，使得在生活中接触感染乙肝病毒。

② 孩子的皮肤黏膜的损伤给乙肝病毒的传染带来机会。

（3）医源性传染

在医院的检查治疗过程中因使用未经严格消毒而又反复使用被 HBV 污染的医疗器械引起感染的，称为医源性传播，包括手术、牙科器械、采血针、针灸针和内镜等器材。

（4）输血传播

输入被 HBV 感染的血液和血液制品后，可引起输血后乙型肝炎的发生。

（5）密切生活接触传播

包括一起生活当中只要皮肤黏膜有受到损害，那就有可能被感染。皮肤黏膜受到损害之后乙肝患者的体液再落到你破损的皮肤和黏膜有可能就被感染；也可在日常生活中共用剃须刀、牙刷等引起 HBV 传播，这都叫密切生活感染。密切的日常生活接触，可使含有乙肝病毒的血液、唾液、乳汁、阴道分泌物等通过黏膜或皮肤微小的擦伤裂口进入易感者的机体造成乙肝病毒感染。

（6）性传播

性传播也是属于体液传播乙型肝炎的一种。

【防控方法】

① 适当运动，增强体质。锻炼不仅可以促进血液循环，使肝有足够的氧和营养物质供应，也会加速新陈代谢，起到保肝作用。

② 多注意休息。因为繁重的工作、不规律的生活、强大的精神压力会让身体一直处于超负荷运转的状态，这样就会出现免疫力下降，为乙肝病毒的入侵埋下隐患。

③ 美味勿多食。暴饮暴食会引起消化液分泌异常，从而导致肝脏功能的失调。饮食要保持均衡，食物中的蛋白质、碳水化合物、脂肪、维生素、矿物质等要保持相应的比例。尽量少吃辛辣食品，多吃新鲜蔬果，避免吃油腻、煎炸的食物。合理安排饮食，饮食以清淡为主。

④ 保持生活有规律，学会自我调节，努力做到心平气和、乐观开朗，这样才能调动人的主观能动性，提高机体的免疫功能。

六、虫媒传播及自然疫源性传染病的防控

1. 狂犬病

【主要症状】

早期表现为被狗或其他动物咬、抓伤后愈合的伤口及其周围有痒、痛、麻及蚁走等异样感觉，继而患者出现恐水、怕风、怕光、怕声等症状，绝大部分患者最后因呼吸循环衰竭而死亡。

【传播途径】

主要因被带狂犬病病毒的狗、猫或其他动物咬、抓伤而感染。

【防控方法】

避免被狗咬、抓伤，被狗咬、抓伤后要立即用浓度含量20%的肥皂水冲洗伤口半小时以上，并在24小时内到疾病预防控制中心（卫生防疫站）的动物咬伤门诊进一步处理伤口和接种狂犬病疫苗，切不可掉以轻心，狂犬病可防不可治。

2. 疟疾

【主要症状】

（1）潜伏期

从人体感染疟原虫到发病（口腔温度超过37.8℃），称潜伏期。潜伏期包括整个红外期和红内期的第一个繁殖周期。一般间日疟、卵形疟14天，恶性疟12天，

三日疟 30 天。感染原虫量、株的不一，人体免疫力的差异，感染方式的不同均可造成不同的潜伏期。温带地区有所谓长潜伏期虫株，可长达 8 ～ 14 个月。输血感染潜伏期 7 ～ 10 天。胎传疟疾，潜伏期就更短。有一定免疫力的人或服过预防药的人，潜伏期可延长。

（2）发冷期

畏寒，先为四肢末端发凉，迅觉背部、全身发冷。皮肤起鸡皮疙瘩，口唇、指甲发绀，颜面苍白，全身肌肉关节酸痛。进而全身发抖，牙齿打战，有的人盖几床被子不能制止，持续约 10 分钟，乃至一小时许，寒战自然停止，体温上升。此期患者常有重病感。

（3）发热期

冷感消失以后，面色转红，发绀消失，体温迅速上升，通常发冷越显著，则体温就越高，可达 40℃以上。高热患者痛苦难忍。有的辗转不安，呻吟不止；有的谵妄、撮空，甚至抽搐或不省人事；有的剧烈头痛、顽固呕吐。患者面赤气促、结膜充血，皮灼热而干燥，脉洪而速，尿短而色深。多诉说心悸、口渴、欲冷饮。持续 2 ～ 6 小时，个别达十余小时。发作数次后唇鼻常见疱疹。

（4）出汗期

高热后期，颜面手心微汗，随后遍及全身，大汗淋漓，衣服湿透，2 ～ 3 小时体温降低，常至 35.5℃。患者感觉舒适，但十分困倦，常安然入睡。一觉醒来，精神轻快，食欲恢复，又可照常工作。此刻进入间歇期。

【传播途径】

主要通过蚊虫叮咬传播。

【防控方法】

（1）预防

疟疾的预防，指对易感人群的防护。包括个体预防和群体预防。个体预防是疟区居民或短期进入疟区的个体，为了防蚊叮咬、防止发病或减轻临床症状而采取的防护措施。群体预防是对高疟区、爆发流行区或大批进入疟区较长期居住的人群，除包括含个体预防的目的外，还要防止传播。要根据传播途径的薄弱环节，选择经济、有效，且易为群众接受的防护措施。

（2）基础治疗

① 发作期及退热后 24 小时应卧床休息。

② 要注意水分的补给，对食欲不佳者给予流质或半流质饮食，至恢复期给高蛋白饮食；吐泻不能进食者，则适当补液；有贫血者可辅以铁剂。

③ 寒战时注意保暖；大汗应及时用干毛巾或温湿毛巾擦干，并随时更换汗湿的衣被，以免受凉；高热时采用物理降温，过高热患者因高热难忍可使用药物降温；凶险发热者应严密观察病情，及时发现生命体征的变化，详细记录出入量，

做好基础护理。

④ 按虫媒传染病做好隔离，患者所用的注射器要洗净消毒。

（3）病原治疗

目的是既要杀灭红内期的疟原虫以控制发作，又要杀灭红外期的疟原虫以防止复发，同时要杀灭配子体以防止传播。

① 间日疟、三日疟和卵形疟治疗：包括现症病例和间日疟复发病例，须用血内裂殖体杀灭药如氯喹，杀灭红内期的原虫，迅速退热，并用组织期裂殖体杀灭药亦称根治药或抗复发药进行根治或称抗复发治疗，杀灭红外期的原虫。常用氯喹与伯氨喹联合治疗。

② 恶性疟治疗：对氯喹尚未产生抗性地区，仍可用氯喹杀灭红细胞内期的原虫，同时须加用配子体杀灭药。成人口服氯喹加伯氨喹。

（4）凶险发作的抢救原则

① 迅速杀灭疟原虫无性体；

② 改善微循环，防止毛细血管内皮细胞崩裂；

③ 维持水电解质平衡。

（5）快速高效抗疟药可选用青蒿素和青蒿琥酯等。

（6）其他治疗

① 循环功能障碍者，按感染性休克处理，给予皮质激素、莨菪类药、肝素等，低分右旋糖酐。

② 高热惊厥者，给予物理、药物降温及镇静止惊。

③ 脑水肿应脱水；心衰肺水肿应强心利尿；呼衰应用呼吸兴奋药，或人工呼吸器；肾衰重者可做血液透析。

④ 黑尿热则首先停用奎宁及伯喹，继之给激素，碱化尿液，利尿等。

第九章

狠抓安全生产事故防范

"安全第一，预防为主，综合治理"是我国的安全生产方针。其中，"预防为主"是安全工作的重中之重。

要做好预防工作就必须了解安全事故发生的原因，做好安全防护措施，对危险性作业做好安全预防，尤其是做好习惯性违章的防范工作。

美国学者海因星曾经对55万起各种工伤事故进行过分析，其中80%的事故是由于习惯性违章所致。习惯性违章发生的主要原因就是行为者的安全思想认识不深，存在侥幸心理，错误地认为习惯性违章不算违章，殊不知这种细小的违章行为却埋下了安全事故发生的隐患，成为灾难发生的根源。

第
一
节　安全事故发生的原因与防护

一、安全事故发生的直接原因有哪些

企业的安全事故发生的原因可分为直接原因和间接原因。直接原因是由于机械设备的状态不安全和操作不当造成的。

1.机械设备的不安全状态

机械设备的不安全状态主要有以下几种：

（1）防护、保险、信号等装置缺乏或有缺陷

① 无防护。无防护罩，无安全保险装置，无报警装置，无安全标志，无护栏或护栏损坏，设备电气未接地，绝缘不良，噪声大，无限位装置等。

② 防护不当。防护罩没有安装在适当位置，防护装置调整不当，安全距离不够，电气装置带电部分裸露等。

（2）设备、设施、工具、附件有缺陷

① 设备在非正常状态下运行。设备带"病"运转，超负荷运转等。

② 维修、调整不良。设备失修，保养不当，设备失灵，未加润滑油等。

③ 强度不够。机械强度不够，绝缘强度不够，起吊重物的绳索不符合安全要求等。

④ 设计不当，结构不符合安全要求，制动装置有缺陷，安全间距不够，工件上有锋利毛刺、毛边，设备上有锋利倒棱等。

（3）个人防护用品有缺陷如防护服、手套、护目镜及面罩、呼吸器官护具、安全带、安全帽、安全鞋等缺少或有缺陷。

① 所用防护用品不符合安全要求。

② 无个人防护用品。

（4）生产场地环境不良

① 通风不良。无通风，通风系统效率低等。

② 照明光线不良。包括照度不足，作业场所烟雾灰尘弥漫、视物不清，光线过强，有眩光等。

174

③ 作业场地杂乱。工具、制品、材料堆放不安全。

④ 作业场所狭窄。

⑤ 操作工序设计或配置不安全，交叉作业过多。

⑥ 地面打滑。地面有油或其他液体，有冰雪；地面有易滑物，如圆柱形管子、料头、滚珠等。

⑦ 交通线路的配置不安全。

⑧ 储存方法不安全，堆放过高、不稳。

2. 操作者的不安全行为

操作者的不安全行为是由于操作者的无意或过失造成的，主要有以下几种。

① 操作错误、忽视安全、忽视警告

a. 未经许可开动、关停、移动机器；

b. 开动、关停机器时未给信号；

c. 开关未锁紧，造成意外转动；

d. 忘记关闭设备；

e. 忽视警告标志、警告信号；

f. 操作错误，供料或送料速度过快；

g. 机械超速运转；

h. 冲压机作业时手伸进冲模；

i. 违章驾驶机动车；

j. 工件、刀具紧固不牢；

k. 用压缩空气吹铁屑等。

② 使用不安全设备。

临时使用不牢固的设施，如工作梯不牢固，使用无安全装置的设备，拉临时线不符合安全要求等。

③ 机械运转时加油、修理、检查、调整焊接或清扫，造成安全装置失效。

④ 拆除了安全装置，安全装置失去作用，调整错误造成安全装置失效。

⑤ 用手代替工具操作。用手代替手动工具，用手清理切屑，不用夹具固定，用手拿工件进行机械加工等。

⑥ 攀、坐不安全位置（如平台护栏、吊车吊钩等）。

⑦ 物体存放不当。

⑧ 不按要求进行着装。如在有旋转零部件的设备旁作业时穿着过于肥大、宽松的服装，操纵带有旋转零部件的设备时戴手套，穿高跟鞋、凉鞋或拖鞋进入车间等。

⑨ 在必须使用个人防护用品的作业场所中，没有使用个人防护用品或未按要求使用防护用品。

⑩ 无意或为排除故障而接近危险部位，如在无防护罩的两个相对运动零部件之间清理卡住物时，可能造成挤伤、夹断、切断、压碎或人的肢体被卷进而造成严重的伤害。

二、安全事故发生的间接原因有哪些

企业安全事故发生的间接原因是技术缺陷和管理不重视等。

1. 技术和设计上的缺陷

技术和设计上的缺陷主要包括以下几方面。

① 设计错误。设计错误包括强度计算不准，材料选用不当，设备外观不安全，结构设计不合理，操纵机构不当，未设计安全装置等。即使设计人员选用的操纵器是正确的，如果在控制板上配置的位置不当，也可能使操作者混淆而发生操作错误或不适当地增加了操作者的反应时间而忙中出错。设计人员还应注意作业环境设计，不适当的操作位置和劳动姿态都可能使操作者引起疲劳或思想紧张而容易出错。

预防事故应从设计开始，设计人员在设计时应尽量采取避免操作者出现不安全行为的技术措施和消除机械的不安全状态。

② 制造错误。常见的制造错误有加工方法不当，加工精度不够，装配不当，装错或漏装了零件，零件未固定或固定不牢。工件上的划痕和压痕、工具造成的伤痕以及加工粗糙，可能造成设备在运行时出现故障。

如果设备的设计准确无误，但制造设备时发生错误，也能够成为事故隐患。在生产关键性部件和组装时，应特别注意防止发生错误。

③ 安装错误。安装时旋转零件不同轴，轴与轴承、齿轮啮合调整不好，过紧或过松，设备不水平，地脚螺钉拧得过紧，设备内遗留工具、零件、棉纱而忘记取出等，都可能使设备发生故障。

④ 维修错误

a. 没有定时对运动部件加润滑油，在发现零部件出现恶化现象时没有按维修要求更换零部件。

b. 设备大修重新组装时，发生组装错误。

c. 安全装置失效而没有及时修理，设备超负荷运行而未制止，设备带"病"运转。

2. 管理缺陷

管理缺陷包括以下内容：

① 没有安全操作规程或安全规程不完善；

② 规章制度执行不严，有章不循；

③ 对现场工作缺乏检查或指导错误；

④ 劳动制度不合理；

⑤ 缺乏安全监督。

3. 教育培训不充分

① 对员工的安全教育培训不够；

② 未经培训上岗；

③ 操作者业务素质低，缺乏安全知识和自我保护能力，不懂安全操作技术；

④ 操作技能不熟练；

⑤ 工作时注意力不集中，工作态度不负责；

⑥ 受外界影响而情绪波动；

⑦ 不遵守操作规程。

4. 领导不重视

① 企业领导对安全工作不重视；

② 安全检查组织机构不健全；

③ 没有建立或落实现代安全生产责任制；

④ 没有或不认真实施事故防范措施；

⑤ 对事故隐患调查整改不力。

三、学会使用安全防护用品

1. 劳动防护用品的分类

防护用品主要有以下种类：

① 防尘用具：防尘口罩、防尘面罩；

② 防毒用具：防毒口罩、过滤式防毒面具、氧气呼吸器、长管面具；

③ 防噪声用具：硅橡胶耳塞、防噪声耳塞、防噪声耳罩、防噪声面罩；

④ 防电击用具：绝缘手套、绝缘胶靴、绝缘棒、绝缘垫、绝缘台；

⑤ 防坠落用具：安全带、安全网；

⑥ 头部保护用具：安全帽、头盔；

⑦ 面部保护用具：电焊用面罩；

⑧ 眼部保护用具：防酸碱用面罩、眼镜；

⑨ 其他专用防护用具：特种手套，橡胶工作服，潜水衣、帽、靴；

⑩ 防护用具：工作服、工作帽、工作鞋、雨衣、雨鞋、防寒衣、防寒帽、手套、口罩等。

2. 劳动防护用品的选用与发放

（1）发放管理

① 安全部门负责

a. 向使用部门提供防护用品的使用标准；

b. 监督检查防护用品用具使用标准的执行情况；

c. 监督防护用品用具的质量、使用和保管情况；

d. 对防护用具（如氧气呼吸器、过滤式防毒面具等）的使用人员组织培训与考试。

② 采购部门负责

a. 对已发布国家标准的防护用品、用具，按国家标准采购、验收、发放、保管；

b. 对无国家标准的防护用品、用具，应根据适用的原则进行采购、验收、发放、保管。

③ 使用部门负责

a. 对已发布国家标准的防护用品、用具，按国家标准领取、组织使用与保管；

b. 对无国家标准的防护用品、用具，按说明书组织使用与保管；

c. 对专用防护用品、用具的使用人员组织考试，不合格者应反复训练，直到合格为止。

（2）发放原则

① 按岗位劳动条件的不同，发给职工相应的防护用品或备用防护用品、用具。

② 对从事多种工种作业的职工按其基本工种发给防护用品，如果作业时确实需要另供防护用品、用具，可按需要提供。

③ 对易燃易爆岗位不得发给化纤工作服。

④ 员工遗失个人防护用品、用具，原则上予补发，但费用由员工支付；因工失去或损坏的防护用品、用具，由本人申请、单位核实、经安全部门批准给予补发处理。

⑤ 企业应有公用的安全帽、工作服等供外来参观、检查工作人员临时用；公用防护用品用具要专人保管，保持清洁。

（3）发放标准的制定与执行

① 按国家有关规定，结合企业实际情况，制定防护用品的发放标准。

② 因生产需要或劳动条件改变需要修订防护用品的发放标准时，由使用单位提出申请，报安全部门审批后执行。

③ 对过滤式防毒面具不规定使用时间，失效、用坏或不能用时，以旧领新。

④ 新项目、新装置试生产前 3 个月，由使用单位提出申请报安全部门，安全部门制订防护用品、用具暂行发放标准，由总经理审批后执行。项目投产 6 个月后，由使用单位提出使用报告意见，报安全部门修订标准。

⑤ 其他防护用品、用具，由安全部门提出发放标准，总经理审批后执行。

四、如何进行个人安全防护

防护用品是指保护劳动者在生产过程中的人身安全与健康所必备的一种防御性装备，对于减少职业危害起着相当重要的作用，使用者要合理使用防护用品，并加强防护用品的管理和维护保养。

1. 加强防护用品的管理和维护保养

① 工作服要定期清洗。

② 专用防酸、防碱工作服及长管面具、橡胶手套等使用后，若有污染，一定要及时清洗，并要放在专柜妥善保管。

③ 氧气呼吸器要定期检查钢瓶气压，压力不足时要及时换瓶或充氧。

④ 防毒面具用后，滤毒罐要用胶塞塞紧，牢记用前要先打开胶塞。

⑤ 滤毒罐要经常进行称重或其他检查，发现失效要立即更换。

2. 合理使用个体防护用品

① 个体防护用品有防护口罩、防毒面具、耳塞、耳罩、防护眼镜、手套、围裙、防护鞋等。

② 合理、正确地使用防护用品非常重要，特别是在抢修设备等操作时，更要注意防护。

③ 在接触容易被皮肤吸收的毒物或酸、碱等化学物品的场所，要注意皮肤的防护，如穿防酸、防碱工作服，戴橡胶手套等。

④ 在噪声工作区作业时，从隔声间出来到现场巡回检查时，应及时佩戴耳塞或耳罩。

⑤ 在有毒有害的作业场所作业时，上班时应按规定穿工作服，在有特别要求的岗位上，应随身携带防毒面具，以防发生意外泄漏毒物事故时，可立即佩戴防毒面具。

五、如何进行个人卫生保健

1. 做好个人卫生和自我保健

做好个人卫生保健应做到以下几点：

① 班后洗澡、更衣；

② 饭前先洗手；

③ 不在作业场所饮食；

④ 改变不卫生的习惯和行为，如戒烟；

⑤ 平时注意劳逸结合，营养合理；

⑥ 加强锻炼，增强体质，提高抵抗力。

2. 尘毒监测注意事项

对尘毒进行监测时，应注意以下事项。

① 对生产劳动环境中的粉尘、毒物等有害因素，应根据国家的规定设定监测点，定期进行测定。

② 当测试人员现场测定时，其他人员应很好地配合，使测定结果能客观地反映作业场所的实际情况，避免出现误差或假象。

③ 应把尘毒和有害因素的测定结果，定期在岗位上挂牌公布。当测定结果超过国家卫生标准时，就应及时查找原因，采取相应措施，及时处理。

3. 定期进行健康检查

新员工刚入厂时，要进行预防性体检。一方面，可以及早发现是否有职业禁忌证，例如患有哮喘的人，不适宜从事接触刺激性气体的作业；另一方面，这是一种基础健康资料，便于今后对比观察，做好保健工作。

老员工应根据具体情况，定期进行体格检查。间隔时间为一年或两年，最长不超过四年检查一次，以便及时发现病情，进行救治。

第二节 / # 作业危害预防

一、如何开展危险预知训练

危险预知训练活动（Kiken Yochi Trainning，KYT），是针对生产的特点和作业工艺的全过程，以其危险性为对象，以作业班组为基本组织形式而开展的一项安全教育和训练活动，它是一种源于日本的群众性"自我管理"活动，目的是控制作业过程中的危险，预测和预防可能发生的事故。

1. KYT 的适用范围

① 通用的作业类型和岗位相对固定的生产岗位作业；
② 正常的维护检修作业；
③ 班组间的组合（交叉）作业；
④ 抢修抢险作业。

2. 班组危险预知活动的目的

① 描写作业情况；
② 找出班组作业现场隐藏的危险要素和有可能引起的现象；
③ 组织大家一起讨论、协商，确认危险点或重点实施事项；
④ 找出危险点控制的措施，并予以训练，使其标准化。

3. 危险预知活动步骤

危险预知活动分危险预知训练和工前五分钟活动两个步骤进行。前一阶段主要是发掘危险因素，制订预防措施，后一阶段重点落实预防措施。

（1）危险预知活动注意事项

组织班组危险预知训练须注意以下问题。

① 加强领导。要求根据危险源辨识的结果，按照 PDCA 循环模式拟订预知训练课题计划，分批分期下达到班组开展活动，并将实施结果纳入考评内容。

② 班组长准备。活动前要求班组长对所进行课题的主要内容进行初步准备，以便活动时心中有数，进行引导性发言，节约活动时间，提高活动质量。

③ 全员参加。充分发挥集体智慧，调动群众积极性，使大家在活动中受到教育。不能一言堂，应让所有组员有充分发表意见的机会。

④ 训练形式直观、多样化。班组长可结合岗位作业状况，画一些作业示意图，便于大家分析讨论。

⑤ 抓好危险预知训练记录表的审查和整理。预知训练进行到一定阶段，车间应组织有关人员参加座谈会，对已完成题目进行系统审查、修改和完善，归纳形成标准化的教材，作为工前五分钟活动的依据。

（2）工前 5 分钟活动

工前 5 分钟活动是预知训练结果在实际工作中的应用，由作业负责人组织从事该项作业的人员，在作业现场利用较短时间进行，要求根据危险预知训练提出的内容，对"人员、工具、环境、对象"进行四确认，并将控制措施逐项落实到人。重大危险作业应分为作业安全和工序安全两个阶段开展工前5分钟活动。

4. 班组作业KYT具体活动的步骤

经过长期实践，结合班组作业特点，作业过程中开展KYT活动应遵循以下9个原则。

① 由班组长针对当班生产任务划分作业小组，指派工作能力强的人担任作业小组长。

② 作业小组长组织作业人员，持KYT卡片到作业现场开展KYT活动。

③ 作业小组长向作业人员介绍工作任务及程序，采用有效的方法调动作业小组参与人员，针对工作内容及程序，查找或预测可能存在的危险因素。

④ 作业小组参与人员应结合各自工作内容，有针对性地挖掘危险因素，并提出相应的防范措施。

⑤ 作业小组负责人（小组长）将收集到的危险因素及其对应措施的信息，整理记录在KYT活动卡片上，再次对所有作业小组参与人员进行一次复述，待所有人员认同后，进行签字确认。

⑥ 最后，作业小组负责人确认后开始作业。作业完毕后，应在当天将卡片交班组长检查认可。有条件的话，班组长应到现场进行检查验收。

⑦ 作业参与人员在指出危险因素时，要充分利用肢体语言对危险因素加以描述，以强化对危险形态的直观认识。

⑧ 作业过程中要持续运用"手指触动提示"和"触动报警"，保持现场作业人员对危险的警觉。

⑨ 对小组参与人员针对危险因素提出的相关防范措施，现场能立即整改的应在整改完毕后开始作业。

5. KYT活动卡片的填写与管理

① 卡片的内容及填写。KYT活动卡片（表9-1）的内容应针对现场实际情况认真填写记录，且必须是在现场和作业开始前完成，必须是作业人员本人签字。

对卡片中危险因素的查找及描述，应针对各个作业环节可能产生的危险因素、人的不安全行为和可能导致的后果，前后要有因果关系的表述。对发现的重要危险因素要采取相应的防范措施。

② 卡片的管理。KYT卡片的收集整理要有专人负责，并编制成册加以保存。卡片的保存时间一般为班组半年和车间一年，保存期间的卡片要作为班组员工开展安全教育的材料，供开展KYT训练活动使用。

表 9-1　KYT 活动卡片

作业任务		作业编号	
作业时间		作业地点	
作业小组名称		作业负责人（小组长）	
小组成员			
作业现场潜在的危险因素、重要危险因素	确认人：		
作业小组应采取的安全防范措施、重要防范措施	确认人：		
检查评语	班组长：　　　　签字：		
	车间领导：　　　签字：		
	厂级领导：　　　签字：		

二、什么是安全生产确认制度

安全生产确认制是指用反复核实、复诵、监护、设标志提醒及操作票等方法，在作业之前和作业过程中，针对本岗位的安全要点和易发生伤害事故的因素，必须做到确实认定、确实可靠、确实准确地去执行，以避免由于想当然、猜测、遗忘、误会、疲劳、走神、情感异常等因素引起的失误，并形成制度。安全生产确认制度包括以下几部分内容。

1. 操作确认制

① 作业前，班组长要召集全体成员开好班前会。全班组成员通过互致问候并互相审视精神及身体状况，确认身体适合作业要求，确认作业环境适合本作业，确认防护用品是否穿戴齐全，对设备及安全装置进行点检确认，对所从事作业的安全可靠性及潜在的危险，通过确认告诫自己注意安全。

② 作业中，集中精力，不断确认自己是否按本工种安全技术操作规程进行作业。确认自己的行为不伤害自己、不伤害他人、不被他人伤害，确认所作业对象的安全性，并注意防范措施。危险作业要确认安全措施，确认监护人。

③ 作业结束后，确认所操作设备按规定停机，所有操作按钮都处于停止状态，整理好作业场地，确认无事故隐患后，方能离开作业现场。班组长要总结安全情况，并确认所有成员一切情况良好。

2. 联系呼应确认制

在长线作业时，应由一人指挥。指挥者发出的指令一定要简明扼要，在被指挥者重复无误后，才能进行作业，并做好记录。

① 指挥者确认其指令与执行者的安全要求，与生产系统中的安全要求，与作业区域或者作业空间的安全要求不矛盾、不冲突。

② 指挥者要明确确认其指令是令行，还是禁止。执行者必须按指令做到"令则行""禁则止"。

③ 对于禁止令的执行，指挥者要确认下一级的执行情况，并负有监督检查职责；执行者要确认禁止令是在延续，还是已解除。

3. 行走确认制

在生产现场行走时，确定安全通道无危险时方可行进，即严格执行"查看、判断、通过"的程序，对现场是否具备安全通行条件予以确认。

① 查看。行走前要仔细查看所要通过的路段是否畅通，是否有警示标志，以确认是否具备安全通行的条件（车间厂房内、施工现场等均须设置必要的安全通道，并有明显标志）。

② 判断。在行进过程当中，判断上下左右是否会遇到有碍安全通行的因素，以确认是否继续通行。

③ 通过。经对通道查看、判断安全无误后方可通行；车间厂房内、施工现场等均须设置必要的安全通道，并有明显标志。

在没有设置吊运通道的车间内进行天车作业时，吊具的承载量必须是被起吊物的两倍以上，吊钩必须安装防脱钩装置，并设专人跟踪指挥。

4. 开、停机确认制

在设备的检修作业前后开机、停机时，指挥者、操作者对设备安全状况应进行确认。

（1）检修或者施工完毕的设备开机

① 确认开机总指挥者和安全总负责人（应是同一人）；确认下一级的开机指挥者和安全责任人（也是同一人），并且实行直线联系负责制。

② 确认谁有权送电，谁有权开机。

③ 开机指令下达前确认工作票制度已正确执行完毕。

（2）备用设备开机

① 确认工作票制度已正确执行完毕。

② 确认上一级指挥者谁同意送电。

③ 确认上一级指挥者谁同意开机。

④确认所开机设备安全保护装置符合安全条件要求。

⑤确认开机程序正确。

（3）设备停机

①确认停机的目的。

②确认停机的安全规程已执行完毕。

③停机检修的设备，必须在工作票上确认断电、断料、断汽（气）、断水、挂警示牌、设监护人等。

三、如何进行危险信息沟通

1. 危险信息与事故的发生

当危险信息未能及时让当事人捕捉到时，很容易发生事故。一般来说，主要有以下几种情况。

① 危险信息存在，但由于当事人本身的限制及外界因素的干扰，当事人未能及时发现，并且未采取有效的处理措施，很容易发生事故。

② 危险信息存在，但是没有进行适当的沟通或设置危险标记，而当事人凭自身条件又不能发现其危险性时，极易发生事故。

③ 危险是存在的，但并没有以一种信息的形式，如指示灯、手势等表现出来。相反，却是以一种正常的信息出现在当事人面前，这也极易导致事故的发生。

④ 危险并不存在，但由于外界的干扰，如仪表的错误显示、人员的骚扰等，极有可能给当事人危险的感觉。此时，如果当事人采取回避措施，极易发生事故。

⑤ 危险不存在，同时给当事人一种无危险的信息显示时，也有可能因为当事人的麻痹大意而发生事故。

为了预防各种事故的发生，作业人员做好危险信息沟通是十分必要的。但是，在有良好的危险信息沟通的前提下，作为当事人，在生产过程中还应谨防侥幸心理，只有增强自我保护意识和能力，才能有效地防止事故的发生。

2. 信息沟通的障碍与解决

（1）文化方面的障碍及其解决

文化方面的障碍，指的是来自文化、经验等方面的诸因素所造成的沟通障碍。文化方面的障碍主要有表达不清、错误的解释、缺乏注意、同化、教育程度差异、对发现者的不信任、无沟通现象等。

① 表达不清。在发送信息时，信息含糊不清是十分常见的现象。如：错误地选择词语、空话连篇、无意疏漏、观念混乱、缺乏连贯性、句子结构错误、难懂的术语等，都有可能造成信息表达不清的现象。因此，要想把信息表达清楚、明确，首先要加强文化素质方面的修养，加强言语训练；其次要限定内容，要言简意赅地表达信息中的要点。

② 缺乏注意。作业人员平时对一些信息缺乏注意，不注意阅读布告、通知、报告、会议记录等情况也经常出现。为了解决员工缺乏注意这一问题，除了提高管理者的劝说水平之外，更重要的是加强沟通的责任感，使企业的每一名员工都认识到信息沟通的重要性。

③ 教育程度差异。一个企业内员工受教育程度若有很大差异，会造成沟通的障碍。如果员工教育程度较低，则管理者难以与其沟通信息，步调难以保持一致，很可能会影响企业组织的工作效率。因此，在选拔员工时，对其受教育程度应该有一定的要求，或对在职员工进行多种形式的教育，鼓励他们自学文化知识来提高自身素质。

④ 错误的解释。在传达具体作业要求时，只进行简单的说明是不够的。应该考虑信息接收者的个人情况及其所工作的环境，有时必须进行必要的解释，使对方充分理解信息，才有助于沟通。

⑤ 同化作用。把传递来的信息按照接收者的习惯、兴趣和爱好，使之适合于自己，这一过程称为"同化"。例如，对信息省略细节，使其简单化，使内容成为自己熟悉的内容；加上自己的看法、观念，把信息合理化，成为自己满意的处理方式等。为了解决这类障碍，要求接收者按信息的客观情况行事。

⑥ 无沟通现象。无沟通是指管理者没有传递必需的信息。其原因有多种：因为工作忙而延误了沟通；以为每个人都清楚了信息的内容，不愿再进行沟通；因为懒惰而没有作沟通等。无沟通现象也属于沟通障碍的一种。想要解决这方面的障碍，关键是解决管理者对信息沟通意义的认识问题。

⑦ 对管理人员的不信任。无论从什么角度讲，对管理人员的不信任必然会降低信息沟通的效率。

（2）组织结构方面的障碍

① 地位障碍。地位障碍来源于组织的角色、职务、年龄、待遇、资历等因素。由于企业是一个多层次的结构，因此，作业人员经常与班组长、同事或者车间主任进行沟通，但不一定经常与厂长、经理进行沟通。这是属于因地位原因而不能经常接触所造成的沟通障碍。为了减少由地位引起的沟通障碍，企业高层领导和管理者应经常到生产一线去了解情况，与员工促膝谈心或到现场去办公等，这些都是有效的措施。

② 物理距离的障碍。在企业的生产工作中，管理者与操作人员之间、操作者与操作者之间存在着空间距离的远近，造成了物理距离对信息沟通的妨碍，使得他们接触和交往的机会减少，即使有机会接触和交往，时间也十分短暂，不足以进行有效的沟通。为了解决由物理距离较远而产生的沟通障碍问题，管理者应鼓励非正式群体的产生和发展，诸如成立各种俱乐部、兴趣小组、各种形式的协会，通过非正式群体的有益活动，缩短成员之间的物理距离，增加面对面接触和交往的机会，促进成员之间的信息沟通。

③ 个性方面的障碍。员工的个性因素也能成为信息沟通的障碍。由于人与人之间的性格差异较大，每个人都有自己的个性特征，这些个性特征的差异会造成人际沟通的障碍。例如，以自我为中心、自尊心很强的人，往往不会主动与他人进行沟通。有这种个性特征的管理者在听取下级人员的报告时，常常感到不耐烦。由于人们学习能力、认识能力的不同，即使对同一种信息，各人的理解也不一样。因此，管理者在进行信息沟通时要因人而异，先认清员工的能力、需要、动机、习惯等，使信息与接收者的个性特点相匹配，做到有针对性地工作，才会使对方最大限度地接受信息。

第三节　习惯性违章的防范

一、习惯性违章有何特点

习惯性违章，就是指那些违反安全操作规程或有章不循，坚持、固守不良作业方式和工作习惯的行为。它具有以下特点。

1. 麻痹性

在日常的安全生产中，习惯性违章的危害与"温水煮青蛙"有异曲同工之处，违章的人一时没有发生事故的，就如同温水中青蛙没有被立即煮死一样，"水温"还没有升到使"青蛙"死亡的"沸点"。如果每次习惯性违章都必然导致自我伤害或使他人受到伤害，也许就不会有人故意违章了。

2. 潜在性

一些习惯性违章行为往往不是行为者有意所为，而是习惯成自然的结果，例如，对工作现场围栏上的"禁止攀登""禁止在此作业"等标志视而不见，不以为然，长期违章作业，一旦出了事故才追悔莫及。

3.顽固性

习惯性违章是由一定的心理定式支配的，并且是一种习惯性的动作方式，因而它具有顽固性、多发性的特点，往往不容易纠正。只要支配习惯性违章行为的心理定势不改变，习惯性动作方式不纠正，习惯性违章行为就会反复发生，直到行为人受到事故的惩罚。

4.传承性

传承性是指有些员工的习惯性违章行为并不是自己发明的，而是从一些老师傅身上"学"到的、"传"下来的。当他们看到一些老师傅违章作业既省力，又没出事故，也就盲目效仿。这样，老师傅就把不良的违章作业习惯传给了下一代，从而导致某些违章作业的不良习惯代代相传。

5.排他性

有习惯性违章的员工固守不良的传统做法，总认为自己的习惯性工作方式"管用""省力"，而不愿意接受新的工艺和操作方式，即使是被动地参加过培训，但还是"旧习不改"。

二、习惯性违章行为有哪些

1.习惯性违章行为的分类

习惯性违章行为可以分为三类，即无意违章、有意违章和性格型违章（表9-2）。

表 9-2   习惯性违章行为的分类

类型	含　义	类　别	行　　为
无意违章	因人的认识、理解、判断失误，或疏忽、遗忘，或知识、经验不足而造成的违章	（1）认知型无意违章	操作者对规程或系统、设备、系统运行情况的理解、判断错误而导致违章行为或违章操作，或是由于缺乏某些相关专业知识或缺乏经验而导致的违章行为或违章操作
		（2）过失型无意违章	操作者由于疏忽、遗忘导致了违反规章或操作规程。如忘记某个操作步骤，记错操作方向，忘记系安全带，维修工作结束后忘记拆除临时装置等

类型	含 义	类 别	行 为
有意违章	行为人明知法规或操作规程规定,有意不按规章行事,不按规程操作。但并不希望自己的行为导致危害性后果	(1)一般有意违章	大多数有意违章者是为了省力、省时、舒适,或为了表现自己、逞能等个人需要
		(2)情境有意违章	①离结束工作的时间很近或快下班时,检查者不认真检查就签字或没有做完就签字,或自己认为来不及请示就操作 ②监护人员看到操作人员很忙或操作很困难时就主动放弃监护去帮忙操作 ③负责人看到现场人手紧,就违反安全规定支配监护人员去做别的事情 ④"随大流"违章,即在违章成风的集体里,个别人遵守规程反而觉得被大家所孤立
性格型违章	违章者生性鲁莽,工作中冒冒失失、丢三落四,已成为习惯,且满不在乎		

2. 习惯性违章行为的常见表现

以下是一些工厂内常见的违章现象,班组长可以凭此为标准检查班组内的违章情况。

(1)违反安全生产管理制度

①操作前不检查设备、工具和工作场地就进行作业;

②设备有故障或安全防护装置缺乏、凑合使用;

③发现隐患不排除、不报告,冒险操作;

④新进厂工人、变换工种复工人员未经安全教育就上岗;

⑤特种作业人员无证操作;

⑥危险作业未经审批或虽经审批但未认真落实安全措施;

⑦在禁火区吸烟或明火作业;

⑧封闭厂房内安排单人工作或本人自行操作的。

(2)违反劳动纪律

①在工作场所工作时间内聊天、打闹;

②在工作时间脱岗、睡岗、串岗;

③在工作时间内看书、看报或做与本职工作无关的事;

④酒后进入工作岗位;

⑤未经批准,开动本工种以外设备。

(3)违反安全操作规程

①跨越运转设备,设备运转时传送物件或触及运转部位;

② 开动被查封、报废设备；

③ 攀登吊运中的物件，以及在吊物、吊臂下通过或停留；

④ 任意拆除设备上的安全照明、信号、防火、防爆装置和警示标志，以及显示仪表和其他安全防护装置；

⑤ 容器内作业时不使用通风设备；

⑥ 高处作业往地面扔物件；

⑦ 违反起重"十不吊"及机动车辆驾驶"七大禁令"；

⑧ 戴手套操作旋转机床；

⑨ 冲压作业时手伸进冲压模危险区域；

⑩ 开动情况不明的电源或动力源开关、闸、阀；

⑪ 冲压作业时不使用规定的专用工具；

⑫ 冲压机床配备有安全保护装置而不使用；

⑬ 冲压作业时"脚不离踏"；

⑭ 站在砂轮正前方进行磨削；

⑮ 进行调整、检查、清理设备或装卸模具测量等工作时不停机断电。

（4）不按规定穿戴劳动防护用品、使用用具

① 留有超过颈根以下长发、披发或发辫，不戴工作帽或戴帽不将头发帽内就进入有旋转设备和生产区域；

② 高处作业或在有高处作业、有机械化运输设备下面工作而不戴安全帽；

③ 操作旋转机床设备或进行检修试车时，敞开衣襟操作；

④ 在易燃、易爆、明火等作业场所穿化纤服装操作；

⑤ 在车间、班组等生产场所赤膊、穿背心；

⑥ 从事电气作业不穿绝缘鞋；

⑦ 电焊、气焊（割）、碰焊、金属切削等加工中，有可能有铁屑异物溅入眼内而不戴防护眼镜；

⑧ 高处作业位置非固定支撑面上，或在牢固支撑面边沿处，以及在支撑坡度大于45°的斜支撑面上工作未使用安全带。

三、习惯性违章产生的原因

习惯性违章发生的主要原因是行为者的安全思想认识不深，存在侥幸心理，错误地认为习惯性违章不算违章，殊不知这种细小的违章行为，却埋下了安全事故发生的隐患，成为灾难发生的根源。美国学者海因星曾经对55万起各种工伤事故进行过分析，其中80%是由于习惯性违章所致。

1. 违章人员的行为动机（表9-3）

表9-3 违章人员的行为动机

类 型	表 现
1. 侥幸心理	"明知故犯"，认为"违章不一定出事，出事不一定伤人，伤人不一定伤我"。例如，某项作业应该采取安全防范措施而不采取；需要某种持证作业人员协作的而不去请，指派无证人员上岗作业；该回去拿工具的不去拿，就近随意取物代之等
2. 惰性心理	惰性心理也称为"节能心理"，是指在作业中尽量减少能量支出，能省力便省力，能凑合就凑合 （1）干活图省事，嫌麻烦 （2）节省时间，得过且过
3. 逐利心理	个别作业人员（特别是在计件、计量工作中）为了追求高额计件工资、高额奖金，以及自我表现欲望等，将操作程序或规章制度抛在脑后，盲目加快操作进度
4. 逞能心理	作业人员自以为是，盲目操作。有的作业人员自以为技术高人一等，逞能蛮干，凭印象行事，往往出现违章操作、误操作或误调度，造成事故
5. 麻痹心理	行为上表现为马马虎虎、大大咧咧、口是心非、盲目自信。过于相信以往成功经验或习惯，我行我素
6. 帮忙心理	例如开关推不到位、刀闸拉不动等现象，操作者常常请同事帮忙，帮忙者往往碍于情面或表现欲望，但是在不了解设备情况下，如果盲目帮忙去操作，极容易造成事故
7. 冒险心理	在生产过程中，出现现场条件较恶劣情况，严格按有关规程制度执行确实有困难，有的作业人员不针对实际情况采取必要的安全措施，冒险作业
8. 贪闲心理	在工作中不求上进，缺乏积极性，平时不注意学习，技术水平一般，自我保护意识差，从事简单的工作，都有可能发生事故
9. 无所谓心理	（1）当事人根本没意识到危险的存在，对安全、对章程缺乏正确认识 （2）对安全问题谈起来重要，干起来次要，比起来不要，在行为中根本不把安全管理制度等放在眼里 （3）认为违章是必要的，不违章就干不成活
10. 从众心理	看见别人能违章违纪没出事，自己也跟着别人违章违纪
11. 盲从心理	师傅带徒弟的过程中，将一些习惯性违章行为也传授给徒弟，徒弟不加辨识，全盘接受
12. 好奇心理	生产过程中，当运用一些平日难得一见的新设备、新装备等时，出于好奇心理，往往会自己动手实践一番，由于行为者对设备情况不熟悉、不了解，极容易发生意外事故
13. 技术不熟练	对突如其来的异常情况，惊慌失措，甚至茫然，无法进行应急处理
14. 缺乏安全知识	对正在进行的工作应该遵守的规章制度根本不了解或一知半解，工作起来凭本能、热情和习惯

2. 物的不安全因素

在实际工作中，有部分事故是由于外界条件的影响或限制，导致直接诱发职工违章行为的发生。以下介绍常见的物的不安全因素。

① 人机界面设计不合理。作业人员使用的工器具，由于人机界面设计不符合操作安全、高效、方便、宜人等要求，这是引发人员违章操作的一个重要原因。目前，我国生产安全工器具的企业尚未全面实行产品安全质量认证制度，生产产品的企业对安全工器具人机界面是否适应操作需要考虑很少，员工在使用过程中感到别扭难受，导致员工不愿意佩戴或使用安全工器具。例如，个别企业生产的安全帽，不具备透气功能，在炎热的天气下，员工佩戴此类安全帽在野外露天作业时容易出现中暑现象。

② 作业环境不适。作业环境不适应工人操作也是引发违章违纪操作的一个重要原因，例如工作现场的噪声、高温、高湿度、臭气等使人难以忍受，导致工人急于离开作业环境。或者作业面空间过于窄小，难以按规程作业等。正是由于存在这些原因，一方面容易导致工作质量无法保证；另一方面容易引发员工违章违纪、冒险作业等。对此，管理技术人员应根据具体情况，并按照科学性和合理性原则进行制定具体施工措施和方案。

四、习惯性违章的发生有何规律

违章属于随机事件，所以违章的具体发生是很难预测的。但是，随机事件也有规律可循，通常遵循"大数定律"。从大量违章事件统计分析，可以得出以下规律。

1. 违章的多发时间

违章的多发时间一般如下。

① 节假日及其前后。这个时候，操作人员思想受干扰较多，工作时注意力容易分散而导致违章。

② 交接班前后。交接班前后的一个邻近时间段，是人的"注意力低峰"，交班者注意力放松，接班者则还没有完全进入"角色"。有时在交班前，为了赶在下班前完成某项任务，草草收尾，因而遗漏某个操作或有意违规，以达到加快完成任务的目的，结果导致严重的事故。在交接班前后，不但容易违章而导致事故发生，而且一旦发生事故，由于不易做到指挥统一，协调一致，还可能扩大事故。

③ 根据异常事件按时间分布的统计，结果表明异常事件的发生率在凌晨4:00～6:00出现峰值。这个时间，通常人是最容易犯困的时候，思想较难集中，所以容易违章。

2. 违章的多发作业

违章的多发作业有以下几种。

① 高空作业，高层建筑，架桥、大型设备吊装。

② 地下作业，煤矿井下，地下隧道作业等。

③ 带电作业。

④ 有污染的作业，例如，在高噪声、含有毒物质、有放射性物质的环境下作业。

⑤ 在交叉路口、陡坡、急转弯、闹市区行车，雾天行车或飞机航行。

⑥ 复杂操作，如飞机起飞、着陆过程，复杂系统的启动过程（核电厂反应堆启动过程）。

⑦ 单调的监控作业，随着自动化程度的日益提高，许多手工操作由机器完成，人们只起监控作用。在绝大多数情况下，机器正常运行，虽然人的工作负荷很小，但又不能离开作业区域或做其他事情，此时非常容易产生心理疲劳从而导致违章。

⑧ 单独外出作业或工作小分队外出作业，由于缺乏现场监督而违章。

⑨ 违章在维修行业中，特别是在电气维修中更为普遍，尤其是在电气抢修中。

3. 违章与生物节律的关系

违章易发生于生物节律的临界期或低潮期。人体生物节律是指人从出生那天起，其体力、情绪和智力就开始分别以 23 天、28 天、33 天的周期并遵循"高潮期—临界期—低潮期—临界期—高潮期"的顺序，循环往复，各按正弦曲线变化，直至生命结束。人的行为受这三种生物节律的影响。在高潮期，人处于相应的良好状态，表现为体力充沛、精力旺盛，心情愉快，情绪高昂，思维敏捷，记忆力好；在低潮期，人则处于较差状态；生物节律曲线与时间轴相交的前后 2～3 天为"临界期"，人处于此时，其体力、情绪和智力正在变化过渡之中，这一时期是最不稳定的时期，人的机体各方面协调性差，最易出现违章行为。

4. 其他情况的多发现象

① 责任心和安全意识比较差的人容易违章。

② 对所从事的工作不感兴趣的人容易违章。

③ 有些违章出于一时的错误闪念。

五、如何消除习惯性违章行为

事实证明，违章主要发生在班组。因此，消除违章应着重从班组抓起。那么，班组应怎样抓好消除违章工作呢？

1. 加强教育工作，提高思想认识

因为大多数违章者主要是主观认识错误或出于无意、无知，所以思想教育非常重要。

① 建立风险意识。要使操作人员建立安全的基本概念，建立风险意识，特别是对潜在风险要有清醒的认识。安全与风险是一个问题的两面，有了风险意识也就有了安全意识，这样就会警惕各种危险源，提高责任感。有了风险概念，就能理解违章可能是零事故，但绝不是零风险，而且，只要允许一次违章，就会有第二次、第三次，以至违章成为习惯性的、普遍性的行为，成为企业精神上的腐蚀剂。那样，必将导致频发事故，使企业蒙受巨大损失，甚至失去生存能力。因此，必须使人人都认识到，违章是企业绝对不能允许的。

要针对"违章不一定出事故"的侥幸心理，用正反两方面的典型案例分析其危害性，启发员工自觉遵章守纪，增强自我保护意识。通过自查自纠，自我揭露，同时查纠身边的不安全行为、事故苗子和事故隐患，从"本身无违章"到"身边无事故"。

② 要使操作人员了解基本人类心理。要使操作人员了解人的基本心理特性、人性的弱点，了解人为什么会失误，弄清楚人的行为与动机之间的关系，人的需要与价值观之间的关系。要让他们清楚了解企业的需要和企业的目标；认识个人需要与企业需要之间的关系，把个人的需要与企业的需要统一起来，在操作中应首先考虑企业需要。安全是企业的第一需要，是企业的生命，确保安全是每个员工的责任。当他们真正明确了自己个人的需要与企业需要之间的利害关系时，就会在操作时自觉抑制违反规章的需要而只保留按规程操作的需要。

③ 要使操作人员强化法律意识。操作人员不但要遵守操作工作的规章制度，还要遵守相关的行业法规，如核电厂运行、维修操作要遵守核安全法规。

2. 抓好岗位培训

坚持在职培训，不断提高专业知识水平和操作技能，特别是操作技能培训，使按操作规程操作成为一种习惯，这对减少知识型无意违章和有意违章都很重要。

在职培训要让员工掌握作业标准、操作技能、设备故障处理技能、消防知识和规章制度；向先进水平挑战，做到"四比"（比敬业爱岗态度、比职业技术水平、比实际操作能力、比安全作业标准）和"四不"（不伤害自己、不伤害他人、不被他人伤害、保护别人不被伤害）。

3. 开好班前会

开好班前会是做好班组安全管理的重要手段。其主要内容应包括以下几方面。

① 确认从业人员健康和心理状况。班组长和安全员应关注每个班组成员的身心健康，保证每个人都以充沛的体力和饱满的精神投入工作。若发现健康状况不良、疲倦或带着烦恼和心事上岗的人员，应给予教育、帮助或临时调换其工作。为保证安全，必要时可暂停其工作。

② 进行劳保用品穿戴情况的检查。

③ 进行作业指示和危险的分析预测。

④ 分配任务，做好共同作业中的配合与联系的安排，保证集体作业中的安全。

4. 建立班组成员互保制

① 通过互保制，班组成员互相帮助，互相监督，互相提醒，消除控制危险因素，防止发生伤害事故。

② 互相检查设备工具和安全装置是否符合安全要求。

③ 互相督促实行标准化作业。

通过以上措施，达到共同遵守安全生产规章制度，实现安全生产目标。

5. 建立健全安全档案

建立健全安全档案，是班组安全建设的基础工作，对于了解掌握班组安全建设的发展变化情况，总结经验，发扬成绩，吸取教训，克服缺点，为不断推进科学的安全管理积累资料都有重要的意义。

根据工作需要和上级文件规定，班组必须建立健全职工安全教育培训、岗位设备、危险点、安全检查、安全隐患整改、目标岗位考核等相应档案、台账。其中教育培训档案实行安全生产记录卡制度，确保"一人一档一卡"，做到内容翔实，分类建档，备案待查。

6. 开展危险预知活动

① 以各岗位生产特点和工艺过程，以其危险源为对象，通过从业人员自己的调查分析研究来预防事故发生，唤起全体生产人员对安全的重视，增强对危险的敏感性、识别能力和预知能力。

② 提高操作规程的可操作性。

③ 在重要操作步骤前加提示，以免遗漏。

④ 强化按照规程进行操作的训练，强化对重要操作进行监护的训练。

⑤ 定期检查危险点、危险源，并使操作者熟知，而不敢轻易违章。

⑥ 增加各种硬件的防错、容错功能，例如，有人闯入禁区会立即出现报警信号；机件的设计使得不按次序拆卸或装配成为不可能等。

7. 抓好重点管理人群

班组长是班组的核心，他们既是生产经营者，又是管理者。班组安全工作的好坏主要取决于这些人。班组长要敢于抓"习惯性违章"，就能带动一批人，管好一个班。班组长在安全管理中要着重抓好以下两类人员。

① 特种作业人员。他们都在关键岗位，或者从事危险性较大的职业和作业，随时有危及自身和他人安全的可能，特种作业是事故多发之源。

② 青年员工。他们多为新工人，往往安全意识较差，技术素质较低，好奇心、好胜心强，极易发生违章违纪现象。当他们看到一些老师傅违章作业既省力，又没出事故，也就盲目效仿，习惯性违章行为就会被继承下来。

把上述两种人作为反"习惯性违章"的重点，进行重点教育、培训、管理，并分别针对其特点加以引导和采取相应的措施，就可有效控制"习惯性违章"行为，降低事故发生率。

8. 狠抓现场安全管理

现场是生产的场所，是员工生产活动与安全活动交织的地方，也是发生"习惯性违章"，出现伤亡事故的源地，狠抓现场安全管理尤为重要。要抓好现场安全管理，安监人员要经常深入现场，不放过每一个细节。在第一线查"习惯性违章"疏而不漏，纠违铁面无私，抓防范举一反三，搞管理新招迭出，居安思危，防患于未然，把各类事故消灭在萌芽状态，确保安全生产顺利进行。

同时，应加强现场作业环境的管理，不断改善作业条件。因为人的安全行为除了内因的作用和影响外，还受外因的作用和影响。环境、物的状况对劳动生产过程的人也有很大的影响。如果环境差、设备设置不当，会出现这样的模式：环境差—人的心理受不良刺激—扰乱人的行动—产生不安全行为；设备设置不当—影响人的操作—扰乱人的行动—产生不安全行为。反之，环境好，能调节人的心理，激发人的有利情绪，有助于人的行为；设备设置恰当、运行正常，有助于人的控制和操作。因此，要控制习惯性违章，保障人的安全行为，必须创造良好的环境，保证设备的状况良好和合理，使人、设备、环境更加协调，从而增强人的安全行为。

9. 要养成良好习惯

人们在工作、生活中，某些行为、举止或做法，一旦养成习惯就很难改变。俗话说："习惯成自然。"在实际工作中，养成的违章违纪恶习势必酿成事故，后患无穷，将严重威胁安全生产。

① 对不安全行为乃至成为习惯的主观因素进行认真分析，有针对性地采取矫正措施，克服不良习惯。

② 要利用班前会、班组学习来提高员工的安全意识。

③ 开展技术问答、技术练兵，提高安全操作技能。

④ 严格标准，强调纪律，规范操作行为。

⑤ 实行"末位淘汰制"，促使员工养成遵章守纪、规范操作的良好习惯。

10. 培育良好的安全文化氛围

企业内外对违章的态度以及重视安全的思想氛围，对违章者的行为有很大的影响。虽然违章发生在个人身上，但它不是一个孤立的事件，如果他周围的人都有很强的安全意识、责任意识、法律意识，都把违章视为绝对不可容忍的行为，都有良好的按规程操作的习惯，那么违章就没有生存的土壤。所以，必须培育安全文化，加强全体管理人员和员工的安全责任意识和法律意识。这是最根本的，最有效的，需要长期坚持的文化。如果说管理违章有什么灵丹妙药可治的话，那就是不断培育良好的安全文化氛围。安全文化的奖惩制度，应该赏罚分明。班组长要以身作则，依靠群众，令行禁止，雷厉风行，规范操作训练。

第四节　企业重点危险岗位应急管理

一、如何制定重点危险岗位现场处置方案

《安全生产事故应急预案管理办法》中明确规定，对于危险性较大的重点岗位，生产经营单位应当制定重点工作岗位的现场处理方案。所以，企业要做好这方面的工作。

1. 重点危险岗位现场处置方案的主要内容

（1）危险性分析

a. 可能发生的事故类型；

b. 事故发生的区域、地点或装置的名称；

c. 事故可能发生的季节和造成的危害程度；

d. 事故前可能出现的征兆。

（2）应急组织与职责

a. 基层单位应急自救组织形式及人员构成情况；

b. 应急自救组织机构、人员的具体职责，应同单位或车间班组人员的工作职责紧密结合，明确相关岗位和人员的应急工作职责。

（3）应急处置

a. 事故应急处置程序，应根据可能发生的事故类别及现场情况，明确事故报警、各项应急措施启动、应急救护人员的引导、事故扩大，以及同企业应急预案相衔接。

b. 现场应急处置措施，应针对可能发生的火灾、爆炸、危险化学品泄漏、坍塌、水患、机动车辆伤害等，从操作设施、工艺流程、现场处置、事故控制，人员救护、消防、现场恢复等方面，制定明确的应急处置措施。

c. 报警电话及上级管理部门、相关应急救援单位联络方式和联系人员，事故报告基本要求和内容。

（4）注意事项

a. 佩戴个人防护器具方面的注意事项；

b. 使用抢险救援器材方面的注意事项；

c. 采取救援对策或措施方面的注意事项；

d. 现场自救和互救时注意事项；

e. 现场应急处置能力的确认和人员安全防护等事项；

f. 应急救援结束后的注意事项；

g. 其他需要特别警示的事项。

2. 现场处置方案的编制

① 现场处置方案的编制程序。现场处置方案通常包括危险性分析、可能发生的事故特征、应急处置程序、应急处置要点和注意事项等内容。其编制程序如图 9-1 所示。

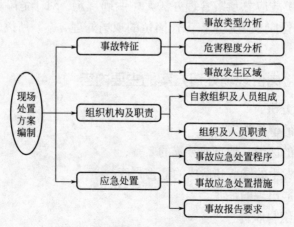

图 9-1　现场处置方案编制程序图

② 现场处置方案编制要求。企业应组织基层单位或部门，针对特定的具体场所、设备设施、岗位，在详细分析现场风险和危险源的基础上，针对典型的突发事件类型（如设备事故、火灾事故等），制定相应的现场处置方案。

二、如何编制重点危险岗位"安全应急卡"

企业危险、重点岗位"应急卡"又称"岗位安全应急卡"，岗位安全应急卡在企业生产过程中对岗位安全有着至关重要的作用。

1. 岗位安全应急卡的作用

岗位安全应急卡是指企业通过风险评估、危险因素的排查确定危险岗位，针对性地制定各种可能发生事故的应急措施，编制具有应急指导作用的简要文书。

岗位安全应急卡具有简明、易懂、实用的特征，避免了应急救援预案的篇幅冗长、内容复杂的缺点，易于被员工所掌握，可以使危险岗位的第一线员工在较短的时间内，实实在在地提升应急救援技能，强化员工应对突发事故和风险的能力，有效防止危险岗位突发事故造成的人员伤亡和财产损失，保障企业安全生产。

事故发生后，最有效的救援是在事故初始阶段的正确处置，把事故消灭或控制在萌芽状态，防止事故扩大，对控制或减少事故造成的人员伤亡和财产损失起到关键性的作用。而能够对突发事故，快捷而有效地进行处置的往往是位于生产第一线的员工，他们是应急救援最直接、最基础的力量。岗位安全应急卡直接面向生产第一线岗位的员工，它的实施有力地夯实了事故应急救援的基础。

岗位安全应急卡是对各种风险的防范和处置，它在企业的实施可以强化员工的风险意识，时刻绷紧安全弦，增强其安全责任感和使命感，有利于提高员工的安全意识，浓厚企业安全氛围，营造企业安全文化。

2. 岗位安全应急卡制作原则

岗位安全应急卡是应急救援预案的简化，它简明、易懂、实用的特点，对应急救援的快速反应起到科学指导的作用。岗位安全应急卡制作应遵循以下原则。

① 企业为主的原则。以企业为安全生产的主体，也是初期应急的力量。企业既是制定岗位安全应急卡的主体，也是实施岗位安全应急卡的主体。因此，推行岗位安全应急卡必须发挥企业的主观能动性，由企业具体实施，安监部门进行指导和服务，督促企业真正地贯彻落实。

② 简明、易懂、实用的原则。高危行业的应急救援预案内容复杂，生产一

线的员工往往难以全面系统掌握。所以制定的岗位安全应急卡要通俗易懂，内容简明，要"卡片化"，要实用，注重实效，有很强的针对性和可操作性，要明确可能发生事故的具体应对措施，着重解决事故发生时生产一线员工"怎么做、做什么、何时做、谁去做"的问题，使员工能及时正确地处置事故，报告事故情况。

③ 相互衔接的原则。岗位安全应急卡是企业安全生产应急预案的简化，它的内容必须与企业内部的各级预案中的相关部分一致，制定时不得脱离预案，要能与预案内容和救援程序衔接，与该岗位的操作规程相呼应。

④ 重点突出的原则。制定岗位安全应急卡时要突出重点，在危险性较大的重点岗位必须实施，突出实施的目的性，强化员工对危险岗位的风险因素的认识，掌握应急措施，从而达到实施的目的。

⑤ 不断完善的原则。根据企业危险物质、生产工艺、应急设备的变化动态，不断修改岗位安全应急卡。充分发挥企业员工的主观能动性，听取他们的意见和建议，在实践过程中不断完善，共同提高应急管理水平。

3.岗位安全应急卡范例

各企业制作岗位安全应急卡时，可根据自身的实际情况进行制作，模式多种多样，原则上是简明扼要地叙述清楚岗位应处置的关键事项。下面提供两种岗位安全应急卡范例（表9-4、表9-5），可供各企业借鉴使用。

表9-4 岗位安全应急卡（范例一）

适用对象：罐区岗位操作工
危险目标：重油槽罐
执行依据：本公司危险化学品事故应急救援预案
事故预测：储罐液位超限；槽车、储罐阀门泄漏；管道破裂泄漏；误操作泄漏
健康危害：对皮肤和黏膜有刺激作用，也可有轻度麻醉作用；皮肤大量接触后，个别人可能发生肾脏损害；皮肤接触后可发生接触性皮炎，表现为红斑、水疱、丘疹
应急常识： ①掌握风向：观察风向旗，注意上风向撤离路线和地点 ②及时报告：发生异常情况，立即报告公司主管 ③应急联络：110、119、120 ④泄漏确认：重油为黑褐色液体或黏稠液，有焦油或原油味 ⑤清点人员：到达撤离现场后，要相互清点人数
现场处置通则： 自身防护：关闭手机，微量泄漏时穿戴好防毒面具（紧急情况下用干毛巾捂住口鼻）和防护手套，大量泄漏时穿戴好正压式空气呼吸器，进入现场必须2人以上

处置程序：根据泄漏量的大小和严重程度，分别按以下处置程序进行

（1）一般事故处置程序：

①至重油槽罐车尾部关闭卸料阀门（槽车卸料情况）

②关闭正在工作的打料泵上的关闭按钮

③至重油储槽处关闭进出口阀门

④查找泄漏源，关闭泄漏点所在管线前后阀门，打开备用管线阀门

⑤阀门无法关闭的情况下，用干布、木塞等进行堵漏，并用环保应急桶收集

⑥关闭围堰周围的雨水井阀门，同时用对讲机进行报告

⑦打开应急水阀门，喷水雾减少蒸发、燃烧

⑧将污染的废物运送至固体废弃物处置中心进行处理

⑨降低生产负荷，公司局部停车，抢险人员进入泄漏点进行堵漏处理

（2）重大事故处置程序：

①立即报告部门主管，部门主管报告公司领导，公司领导报告市安监局、消防等相关职能部门，启动应急救援预案，并通知周边社区

②经现场确认，现场人员无法堵漏，可能产生重大事故的预兆，应根据公司应急救援预案的要求，无关人员撤离现场，应急小分队人员听从上级领导的统一抢险调度

制定人：　　　　审核人：　　　　时间：

表 9-5　岗位安全应急卡（范例二）

岗位名称	车间　　岗位		危险工艺名		
涉及危化品名称					
工艺参数	反应温度：　℃，压力：常压，回流温度：70℃，滴加速度：　L/分钟，反应时间：　小时，保温（降温）措施，等				
作业场所涉及危险物质	火灾可能产生有害物质	危险特性	禁忌物质	可能导致的不良后果	针对性个体防护器具
					名称　　储物点
岗位作业人员可实施的紧急避险行动					
异常紧急状况先期症状	应急处置的禁忌事项	安全、正确、可行、有效的具体应急处置作业动作、顺序		应急处置作业时间长度	必须紧急撤离的事故前症状
温度异常					
压力异常					
突然停水					
突然停电					
搅拌故障					

续表

岗位作业人员可实施的紧急避险行动				
异常紧急状况先期症状	应急处置的禁忌事项	安全、正确、可行、有效的具体应急处置作业动作、顺序	应急处置作业时间长度	必须紧急撤离的事故前症状
反应失控				
泄漏或冲料				
（其他情况）				

应急联系方式			
厂内	主要联系人	技术负责人/生产控制中心	车间主任
公共	报警电话	火警电话	急救电话
	110	119	120

制定人：　　　　　审核人：　　　　　时间：

参 考 文 献

[1] 杨剑.优秀班组长工作手册.北京：中国纺织出版社，2012.

[2] 王生平.优秀班组长安全管理手册.广州：广东经济出版社，2013.

[3] 黄杰.图解安全管理一本通.北京：中国经济出版社，2011.

[4] 安维洲.工厂安全生产管理.北京：中国时代经济出版社，2008.

[5] 李宗坪.优秀班组长安全管理手册.北京：中国时代经济出版社，2008.

[6] 聂兴信.企业安全生产管理指导手册.北京：中国工人出版社，2010.

[7] 李运华.安全生产事故隐患排查实用手册.北京：化学工业出版社，2012.

[8] 杨剑.班组长实用管理手册.广州：广东经济出版社，2013.

[9] 国家安全生产管理总局宣传教育中心.安全生产应急管理人员培训教材.北京：团结出版社，2012.

[10] 武文.危险作业安全技术与管理.北京：气象出版社，2007.

[11] 袁昌明.安全管理.北京：中国计量出版社，2009.

[12] 付立红.生命安全：员工安全意识培训手册.北京：经济管理出版社，2012.

[13] 朱亚威.安全生产管理知识.北京：气象出版社，2012.